解読 花壇綱目

青木宏一郎

創森社

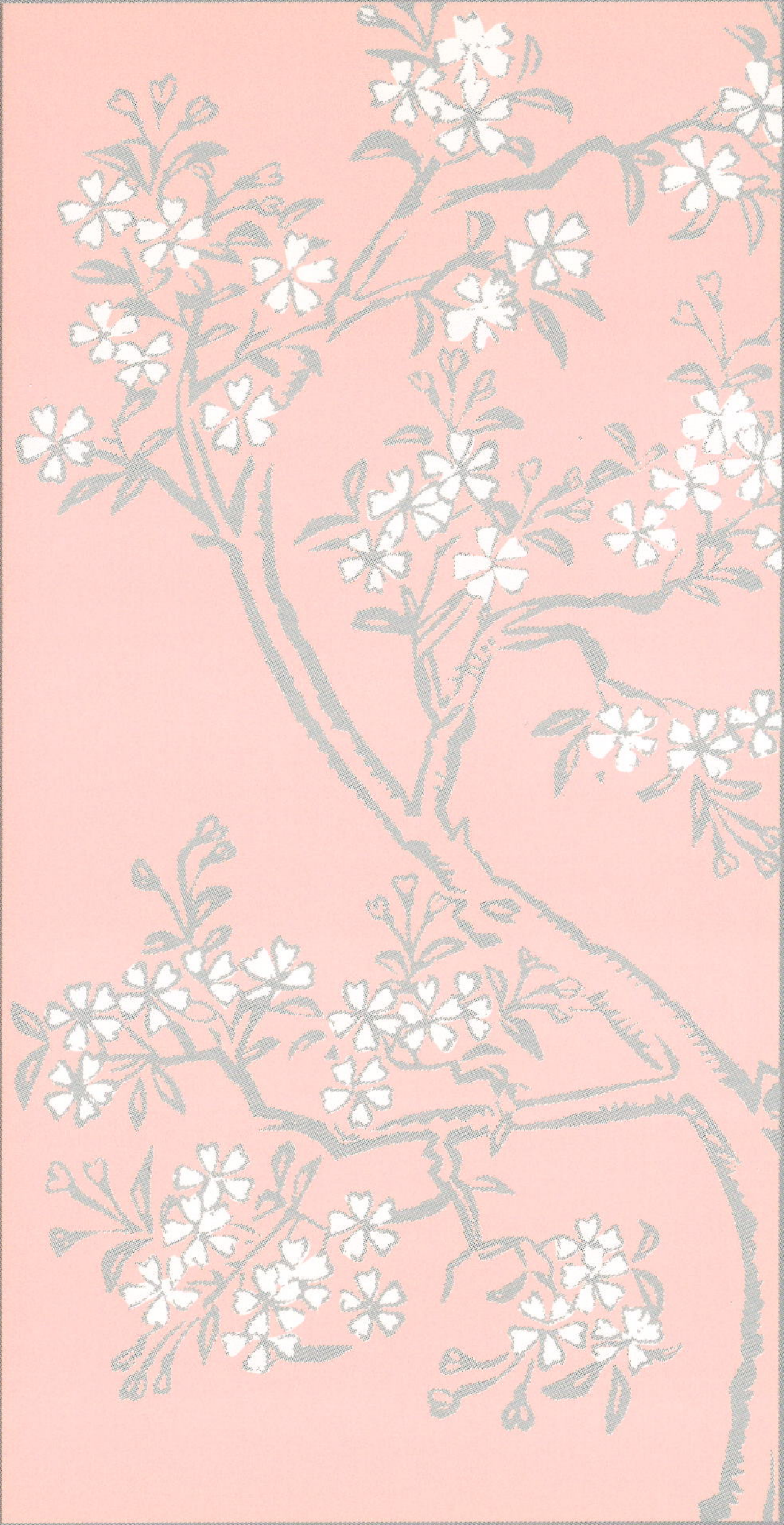

はじめに

四季折々に花を眺めて楽しむ、そうした日本ならではの自然特性を生かしたガーデニングについて記したのが江戸初期の『花壇綱目《かだんこうもく》』である。

『花壇綱目』は、庭の意匠を記した『作庭記』（平安後期刊とされる）と並んで、植栽技術を総合的に解説した世界最初のガーデニング書と言っていいだろう。と言うのは、イギリスをはじめとして西欧は緯度が高いので生育する植物数が少なく、美しい花を数多く栽培していなかった。総合的な技術書が記されたのは、十八世紀に入ってプラントハンターが世界中の植物を集めてからである。

　また、中国では、本草書や菊や牡丹などの専門書は『花壇綱目』以前にも刊行されていたが、総合的なガーデニング技術書は作成されていなかった。中国の王路による『花史左編』（１６１８年）は、栽培法にも触れているが技術書より文学書の色彩が強い。陳淏子《ちんこうし》（陳淏《ちんこう》）の『花鏡《かきょう》（秘伝花鏡）』（１６８８年）は、『花壇綱目』より20年遅れている。

『花壇綱目』がどれほど人気があったかは、寛文四年（１６６４）に水野元勝《みずのもとかつ》によって作成されて以降、延宝九年（１６８１）、元禄四年（１６９１）、享保元年（１７１６）と三度も刊行されていることを見ればすぐわかる。

なお、この本の刊行以前にも寛文四年、五年の写本があり、『花壇綱目』は注目されていた。『花壇綱目』の延宝九年版（松井頼母編）と元禄四年版（本書の古文、および古文のふりがなは当版による）は、同じ版が使用され、奥付の年号が替えられただけである。享保元年版は改刻され、内容は前書とほとんど同じで、書体も酷似している。また、享保元年版上巻に、柳と桜を描いた中央に「華壇綱目」とある図（本書のカバー裏などに使用）が載っている。

『花壇綱目』に記された植物名は600以上、そのうち184種について詳細な説明が記されている。記された植物は、すべて著者・水野元勝が実際に栽培していたと思われる。その内容は、趣味のレベルを超え、専門家にも匹敵するものである。ただ、水野元勝については、植物栽培に精通していたことは確かだが、あいにく経歴や人物像はわかっていない。

本書は、350年前の『花壇綱目』を現代（二十一世紀初頭）の視点から再読したもので、特に植物名に注目し、現代名と対照させせようと試みたものである。

そのため、当時の植物名の記された書『花譜』や『花壇地錦抄《かだんじきんしょう》』、さらには花伝書や茶書（茶会記）などをも参考にしながら進めた。当時の名称と現代名との整合性を探るうちに、『花壇綱目』だけでなく十七世紀に記された植物名に関心が広がった。そこで、『解読花壇綱目』を書名として『花壇綱目』の本文に加えて当時の植物名などについても考察した。

はじめに

近年、江戸時代が見直されるなかで、特に注目を集めているものに江戸のガーデニングがある。大名庭園から庶民が庭先で鉢植えを育てるという文化、ガーデニングへの関心の高さは、江戸の景観にも反映されていた。江戸が世界一の庭園都市となりえたのは、こうした身分の上下、貧富にかかわらず植物に愛情を持っていたからである。

そのようなガーデニングを展開させる下支えとなるのがガーデニング書で、江戸時代には百冊以上著作されており、これも世界一である。江戸のガーデニング、その礎《いしずえ》となる植栽技術を最初に刊行したのが『花壇綱目』になる。以後のガーデニング書に与えた影響は計り知れず、古典中の古典としてのその価値は永遠に変わらないだろう。

ただどのような理由かわからないが、『花壇綱目』を含めて『花壇地錦抄』などについての本格的な解説書は刊行されていない。本当の価値を知るためにも、当時の植物や植栽技術を検証し、ガーデニングの成り立ち、発展を知るためにも解説書の公刊の必要がある。そのような試みの初めとして、本書『解読 花壇綱目』を著すことにした。そもそもの日本の風土に根ざしたガーデニングの楽しさ、奥深さの手がかりをつかんでいただければ幸いである。

２０１８年　１月

青木 宏一郎

花壇綱目 植物集覧

江戸時代初期の園芸書をめぐって

※本文の一部に慣用的なふりがなをつけている

花壇綱目序《くわたんこうもくじよ》

故人《こじん》の云る事有隠者の三支といふは一に曰書《いわくしよ》二に曰茶《ちや》三に曰花《はな》となん然《しか》るに書は上聖人《かミせいしん》を師《し》として下《しも》群賢《くんけん》を的とす誠《まこと》にたのしまさらんや茶は胸臆《けうもく》を涼《すず》しめ鬱眠《うつみん》を醒《さま》し風味《ふうみ》園香《おんかう》最《もつとも》精神《せいしん》を粮《やしなひ》つへし祖《そ》師是《これ》を愛《あひ》し和俗《わぞく》ことに翫《もてあそふ》もの古今すくなからす花は四《しい》時《じ》の景物《けいぶつ》として山野《さんや》の風興《ふうけう》とす或《あるい》は園中《ゑんちう》に移籬廻《うつしりくわい》に花咲《さく》を待《まつ》事閑暇《かんか》の友となれり此三支は何れを捨へきにあらすされは諸《もろもろ》の花の中に梅《むめ》は香花《かうくわ》の第一なれは花の兄《あに》として和漢《わかん》に愛《あひ》する人多し謂《いわゆ》る放翁《ほうおう》和《わ》清可レ吟興《せいべきぎんずけう》とし羅浮林《らふりん》の春《はる》に遊ふ人も有又西の臺《たい》に

花壇綱目《かだんこうもく》序＝意訳

故人（経験を積んだ老大家）が言うに、「隠者の三支」とは、一に書、二に茶、三に花である。しかるに書は、聖人を師として幅広い知識や道理を得ることで、それは本当に楽しいことだ。茶は気分をさわやかにし、眼を覚醒し、風味は素晴らしく、精神を養うものである。祖師はこれを愛し、習慣として嗜《たしな》む人が多い。花は、四季の風物として、自然に趣を興すものである。また庭に移植し、籬《まがき》に巡らし花が咲くのを待つことは、心の支えとなる。この三つはいずれも捨てがたいものである。

されば、いろいろな花の中で、梅は香りの良い筆頭であるから、人気の花として中国でも日本でも愛好者が多い。世に言う放翁[1]が詩歌を吟じる羅浮林[2]（梅の名所）で、春に遊ぶ人もあり、また西の台で

て昔の月をしたひしも花をめつるにあらすや桜《さくら》は我國《わかくに》の賞花《しやうくわ》として亦王荊公《またわうけいこう》か吟詠《きんゑい》なきにしもあらす牡丹《ぼたん》は花の富貴《ふうき》とし明星《めいしやう》も沈香高《じんかうたか》きに愛してしかも李白《りはく》か清平調《せいひやうてう》の詩《し》をなす菊《きく》は隠逸《ゐんいつ》の景気《けいき》を興して陶潜《たうせん》か弄《もてあそ》ひとし蓮《はちす》は花の君子《くんし》と賞《しやう》して周茂叔《しうもしゆく》か詠とす千紫万紅《せんしばんかう》誠に愛せさらんや此外世の中にあらゆる楽揺《らくゆふ》このむ所《ところ》に随《したかひ》てなくさみとすしかはあれと琴詩酒《きんししゆ》の三支も琴《こと》は野身《やしん》に應《わう》せす詩《し》は不才《ふさい》を愧酒《はちさけ》ははかりなけれは友このみては乱《みたれ》に及《およ》ふ好色厚味《こうしよくかうみ》は誠に害多くかつうは其身をそこなふ居家美服薫香《いかびふくくんかう》も又貴《き》なきにあらす歌舞鼓竹《かまひこちく》は心をなくさむといへとも日夜にことせは隣家《りんか》の耳《みみ》かしかましからん囲碁《いご》双《すご》六は大にあらそふ心いとむつし蹴鞠《しうきく》又疾走《しつそ》するに

昔の月を慕うときも、花をいとしむものである。桜は、わが国の愛《め》でる花であり、王荊公[3]の歌にも詠まれている。牡丹は、花の王者として最も優れ、馥郁《ふくいく》高き香りを愛し、しかも李白[4]は「清平調」の詩で謡《うた》っている。菊は、隠逸《いんうつ》の景気を醸し、陶潜が弄び愛好した。蓮は、花の君子と褒めたたえられて、周茂叔が詩に詠んでいる。千紫万紅色とりどりに咲く花は愛さずにいられない。

　このほか世の中には、さまざまな楽しみや遊びがあり、好む所に従って気晴らしをしている。そうではあるが、琴を奏で詩を吟じ酒を嗜む。この三つで、琴は在野の身には相応しくない、詩は詠む才能がなく恥ずかしい、酒は限度があるものの好きなだけに飲みすぎ乱れてしまう。好色と美食は、とりわけ害多く身を滅ぼす。豪邸や華美な服・薫香《くんこう》も身分不相応、歌や舞・鼓《つづみ》・尺八は心を慰めるといえるが、昼夜やっていれば、隣人には迷惑がかかる。囲《い》碁《ご》・双六《すごろく》は人の競争心を煽るので難しい。蹴鞠《けまり》もま

身苦《みくる》しされはたのしまんに只《たた》書か茶か花か思ふに書は尤《もつとも》望《のぞミ》といへと浅智《せんち》疎学《そかく》にして文学に向《むか》はんとすれは眼《まなこ》澁《しぶ》る茶は器具《きぐ》の用々むつかしくして此道《このみち》にうとし只獨心《どくしん》の支とせんは花而巳か中に樹花《しゆくわ》は所をける前栽《せんさい》にうゆることかたくかつうは人力《じんりよく》をなやましてうつすは心くるしくなおいたみ枯《かれ》なんことを思ふ我にことたるもの草花《さうくわ》に過《すき》たるはなしおりにふれ時に望て其興《そのけう》多し春《はる》の二葉《は》のめくみより夏《なつ》は夕立の過ぬる跡《あと》に涼《すす》しき色《いろ》を残《のこ》し秋は夕の露《つゆ》に虫《むし》の音《ね》をそへ冬《ふゆ》は霜雪《しもゆき》に潔《いさきよ》き詠をなすとひくる人の媒《なかたち》ともなり青葉《あをば》は肝《かん》をすくひ眼《まなこ》を明かにし白花ハ氣を育し赤色は心を養《やしなふ》といへは老身《らうしん》をたすくるたよりにもならん葉《は》を摘枝《つみゑた》をすかしていとまなきににたれは

た疾走するから息苦しい。

したがって楽しむには、書か茶か花か。思うに、書は最も望ましいと言えど、知恵浅く学問もあまりないので文学の道に向かおうとすれば眼が渋る。茶は器具の使い方が難しくて、この道に疎《うと》い。そうなるとただ一つ心の支えとなるのは花のみか。中でも花木は植え込む前栽への移植が難しく人に頼むのは心苦しく、なお痛み枯れる心配がある。私に合うものは草花が一番である。折に触れてながめ、面白みが勝っている。春に二葉が出るころから、夏は夕立が去った後にさわやかな色を残し、秋には夕方の露に虫の声が添えられる、冬は霜や雪にすがすがしい清らかな詩をなす。

尋ねてくる人との仲立ちともなり、青葉は心を救い、眼を明らかにし、白花は気力をみなぎらせ、赤花は気持ちを養うということで老いの身を助ける。余分な葉を摘み、枝を透かし、暇のない気分になれば、俗事を取り払い、朝夕に安らかに座り、他意な

世事《せし》をさつて晨夕《しんせき》に安座《あんざ》し他意なければ塵《ちり》を払《はら》ひ露を籬《まかき》にそゝきて花の影《かけ》にやすらへはかの黒主《くろぬし》か哥《うた》のさま思ひ出られ侍るかくもて游ふものとして花実をまきうゆる事時節《しせつ》をたとるゆへ草花の品々を四季《き》に分《わか》ちて筆《ふて》にしるし花段綱目《くわたんこうもく》と云若《もし》又我《われ》にひとしき人のためにもならんかしと思ふ心しかなき

ければ塵を掃き、露を垣根にそいで花の姿に安らえば、あの黒主[7]のような素晴らしい様子を思い浮かべることができる。このように愛好するものとして花の種を蒔く時期をたどるゆえ、草花の数々を四季に分けて記し『花段（壇）綱目』という。あるいは、私と同じような人のためにもなればと思う心だけである。

〈注〉

1 放翁（ほうおう）　南宋の睦游（りくゆう）の号、通常は「陸放翁」の名で呼ばれる。文学者・詩人、史学家。
2 羅浮林（らふりん）　羅浮山のこと。広東省増城にある山、梅の名所。
3 王荊公（おうけいこう）　王安石と呼ばれ、北宋の政治家・思想家・文学者。
4 李白（りはく）　唐代の詩人。
5 陶潜（とうせん）　陶淵明、東晋・宋の詩人。菊を愛し句を作る。
6 周茂叔（しゅうもしゅく）　周敦頤（しゅうとんい）のこと。宋の儒学者。
7 黒主（くろぬし）　大伴黒主、六歌仙の一人。

名はかりは　さりても色をふかみ草
花咲ならは　何にみてまし

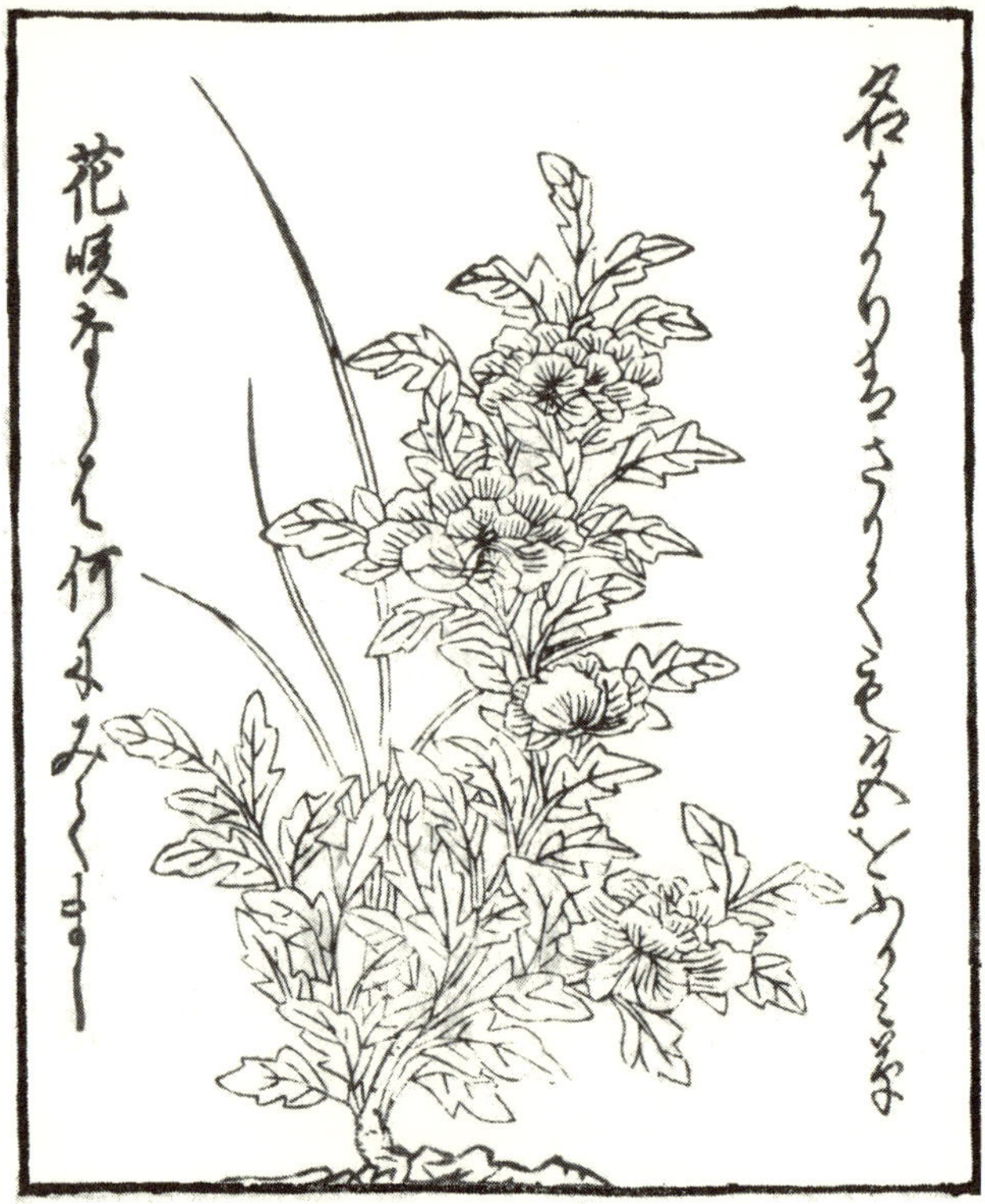

花壇綱目　巻上

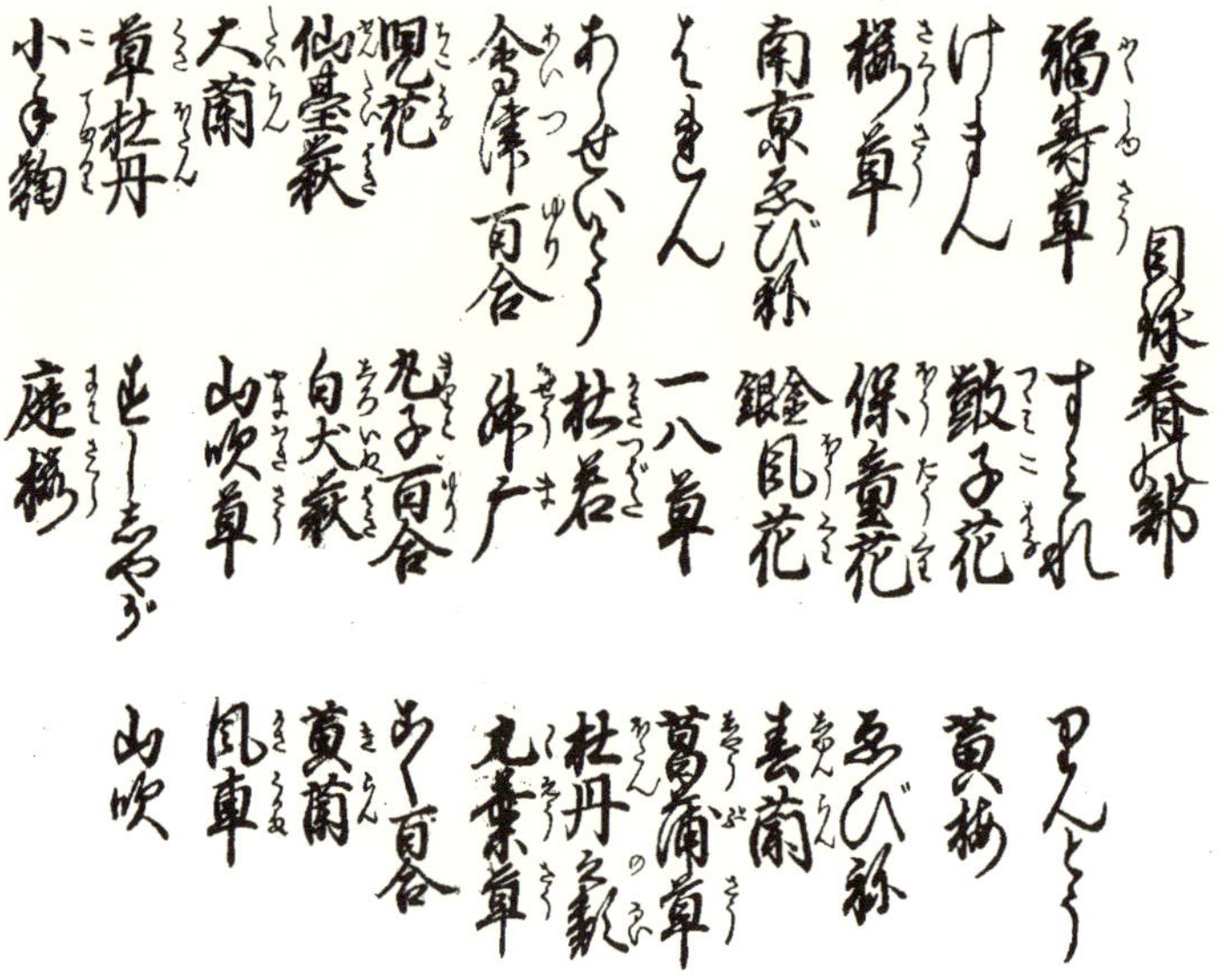

【目録春の部】

福寿草《ふくしゆさう》　すみれ　りんとう
けまん　鼓子花《つつみこはな》　黄梅
桜草《さくらそう》　保童花《ほうたうくわ》　ゑびね
南京ゑびね　金銀風花《ほうくわ》　春蘭《しゆんらん》
はれん　一八草　菖蒲草《しやうぶさう》
あらせいとう　杜若《かきつばた》　牡丹之類《ほたんのるい》
會津百合《あいつゆり》　升广《せうま》　九葉草《くえうさう》
児花《ちこはな》　丸子百合《まりこゆり》　こく百合
仙臺萩《せんたいはき》　白犬萩《しろいぬはき》　黄蘭《きらん》
大蘭《たいらん》　山吹草《やまふきさう》　風車《かさくるま》
草牡丹《くさほたん》　すししやが　山吹
小手鞠《こてまり》　庭桜《にわさくら》

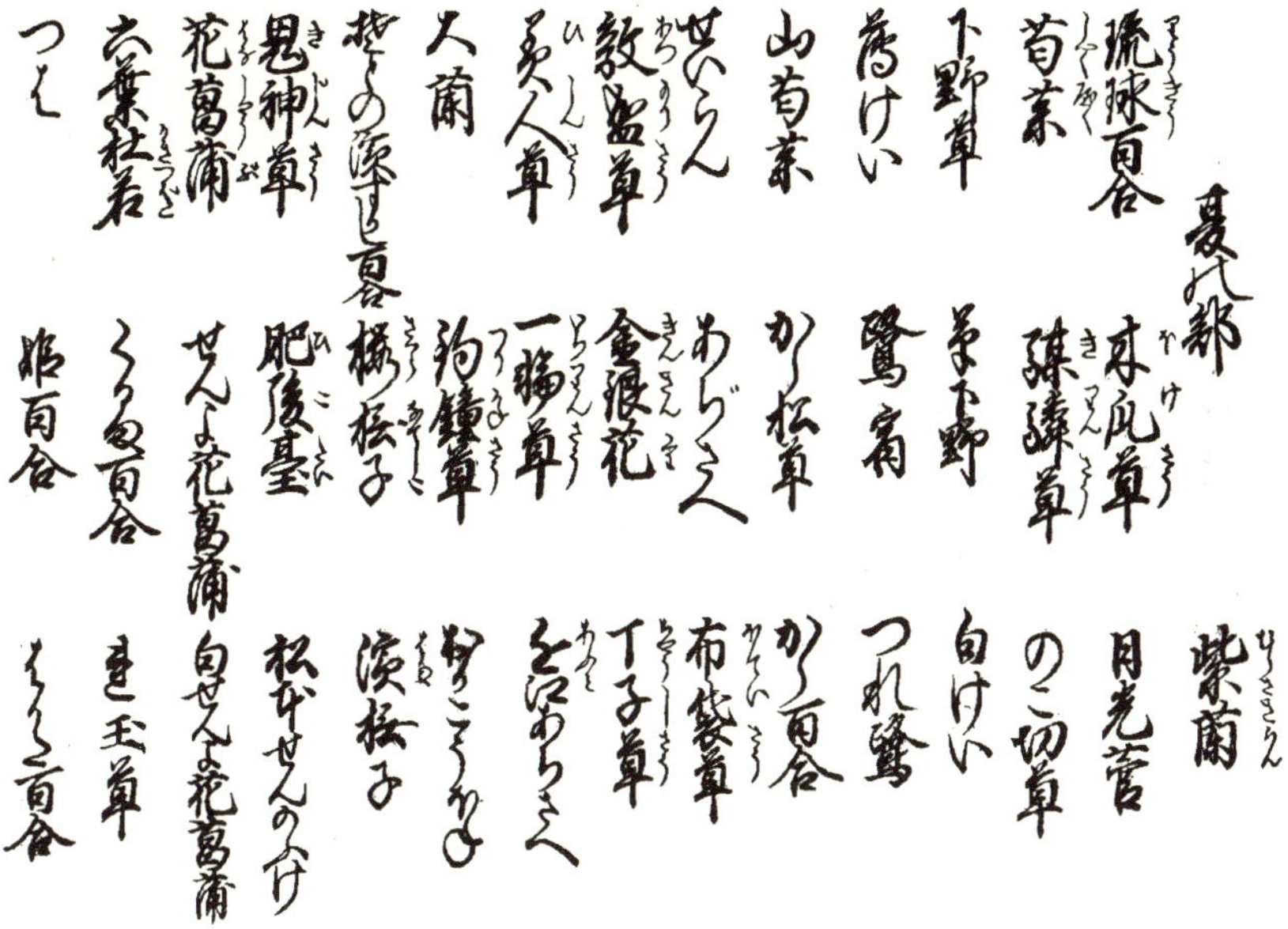

【夏の部】

紫蘭《むらさきらん》

琉球百合《りうきう》　木瓜草《ほけさう》　日光菅

芍薬《しやくやく》　麒麟草《きりんさう》　のこ切草

下野草　草下野　白けい

薄けい　鷺宿　つれ鷺

山芍薬　から松草　から百合

せいらん　あぢさへ　布袋草《ほていさう》

敦盛草《あつもりさう》　金銀花《きんぎんくわ》　丁子草《ちやうしさう》

美人草《ひしんさう》　一輪草《いちりんさう》　近江《あうみ》あちさへ

大蘭《たいらん》　釣鐘草《つりかねさう》　おかこうほね

そとの濱すかし百合　桜撫子《さくらなでしこ》　濱《はま》撫子

鬼神草《きじんさう》　肥後臺《ひごたい》　松本せんのふけ

花菖蒲《はなしやうぶ》　せんよ花菖蒲　白せんよ花菖蒲

広葉杜若《かきつばた》　くるま百合　連玉草

つは　姫百合　はかた百合

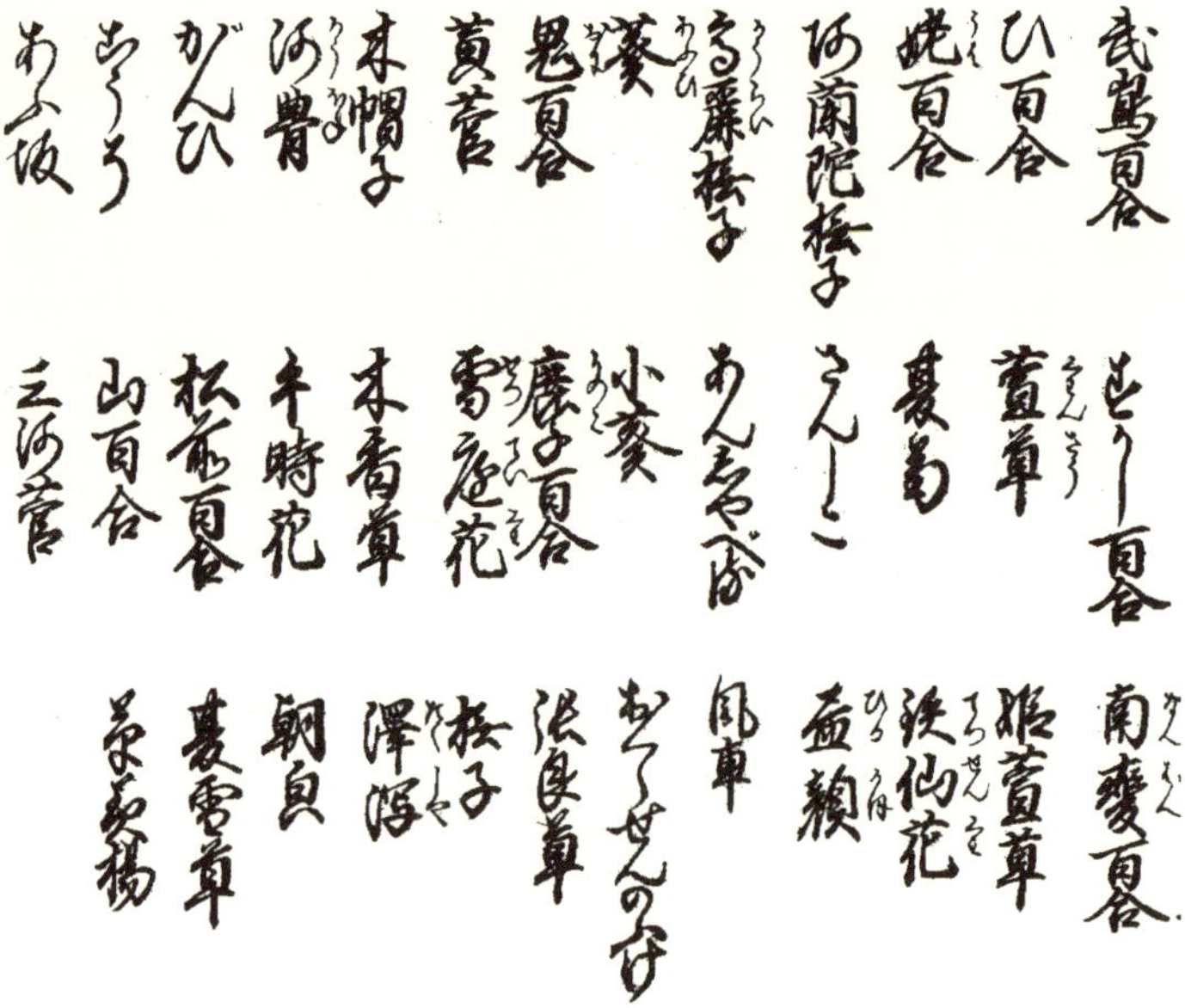

武嶌百合
ひ百合
姥《うば》百合
阿蘭陀撫子
高麗《かうらい》撫子
葵《あふひ》
鬼《おに》百合
黄菅
木帽子
河骨《かうほね》
がんひ
こうぞ
あふ坂

すかし百合
萱草《くさ〳〵さう》
夏菊
さんしこ
あんしやべる
小葵
鹿子《かのこ》百合
雪庭花《せつていくわ》
木香草
午時花
松前百合
山百合
三河菅

南蛮《なんばん》百合
姫萱草
鉄仙花《てつせんくわ》
昼顔《ひるかほ》
風車
おくらせんのふけ
撫子
張良草
澤瀉
朝皃
夏雪草
草美楊

花壇綱目　巻上《まきのじょう》

〔春草の類〕

福寿草《ふくしゅさう》…●花黄色小輪也正月初より花咲元日草トモ朔日草トモ福つく草トモ俗に云　●右養土《やしなふつち》の事肥土《こへつち》に砂《すな》を少加て能ませ合ふるいにて用て宜し　●肥《こやし》の事茶からを干成程こまかに粉にして右の土に少宛交る也　●分植《わけうへる》事二月末より三月節迄八月末より九月節迄分植也

菫《すみれ》…●花紫色小輪也又は薄紫色も有二月の頃花咲也　●養土《やしなふつち》の事肥《こへ》土に野土を少合て宜し　●肥分植《こやしわけうへる》事右福寿草と同前也

りんとう…●花るり色の小輪也咲頃右同　●養土《やしなふつち》野土に赤土少合て宜し　●肥《こやし》魚あらいしるを時々根廻にかける　●分植《わけうへる》は同前也

けまん…●花薄色の小輪咲頃同前　●養土《やしなふつち》も右同断　●肥茶から干粉ニシテ右の土に交ル也　●分植《わけうへる》は春秋の時分

◆「花壇綱目 巻上」の考察①

春草の部（35種）に示す植物名を『牧野新日本植物圖鑑』（牧野富太郎著、前川文夫・原寛・津山尚編、北隆館）の植物名と対照する。科名、番号は『牧野新日本植物圖鑑』に従う。

「福寿草」は、フクジュソウ（キンポウゲ科）729。花は黄色、小輪、正月初めより花が咲き、元日草や福つく草という。

・『花壇地錦抄』には白花の記載がある。

・種による繁殖もある。

「菫」は、スミレ（スミレ科）1631を指すだけでなく、タチツボスミレなどを含んでいると思われる。そのため、総称名としてのスミレとする。

「りんとう」は、ハルリンドウ（リンドウ科）1970。

・春先にはコケリンドウも咲く。

「けまん」は、ケマンソウ（ケシ科）800。

・ムラサキケマンの可能性もあるが、繁殖が播種でないことから多年草と判断した。

鼓《つつみ》子《こ》花《はな》…●花黄白あり小輪也俗にたんほゝと云咲比まへに同　●養《やしなふ》土《つち》は野土と肥土と當分に合用也　●肥同前　●分植は春の比可然なり

黄梅…●花黄の小輪也非二草花一咲比同前　●養土は真土に砂を合て用　●肥雨降まへに小便を葉花にかゝらぬやうにそゝくへし　●分《わけ》植《うへる》は八月の末より九月節まて取木指木に吉

桜草…●花薄色白黄あり小輪咲比三月の時分也　●養土は肥土に砂を合て用なり　●肥茶から干粉ニシテ少用て宜し　●分植は春秋の時分宜し

保童花…●花丹色白薄白もあり九輪草とも云咲比まへに同　●養土右同前　●肥も右同　●分植は八月の末より九月節まて

ゑびね…●花白薄色柿色ゑひす草又かう蘭とも云咲比右に同　●養土は赤土用て　●肥魚あらい汁を少根に折々そゝくへし　●分植は春秋の時分

南京ゑびね…●花黄色白もあり咲比同し　●養土右同前　●肥時々茶からを用てもくるしからす　●分植は右同前

「鼓子花」は、タンポポ（キク科）2729。シロバナタンポポ2730を含む。

「黄梅」は、オウバイ（モクセイ科）1959。

「桜草」は、サクラソウ（サクラソウ科）1882。
・黄色のサクラソウが存在したかは疑問。
・種による繁殖もある。

「保童花」は、クリンソウ（サクラソウ科）1883。

「ゑびね」は、エビネ（ラン科）3588。
・エビネもについても複数の種があるが、ここではエビネとする。

「南京ゑびね」は『牧野新日本植物圖鑑』に記載がない。なお、日本のランの栽培の歴史に「南京えびね」（国立国会図書館蔵）の図がある。

金銀風花…●花金は黄の八重一重銀は白色なり咲比まへに同し　●養土は肥土に砂ませ用て宜し　●肥も分植も右同前也

春蘭《しゆんらん》…●花白赤もあり咲比まへに同　●養土は赤土に白砂少ませ合宜し　●肥は奥の蘭の所にてこまかにしるし置　●分植は八月末より九月節まて

はれん…●花紫色也咲比同　●養土野土に肥土等分合て用也　●肥は時々茶から干粉ニシテ用なり　●分植は春秋の時分

一八草…●花紫同貳重白もあり咲比同　●養土肥分植事何も右同前也

菖《しやう》蒲《ふ》草《さう》…●花薄色紫白浅黄色もあり咲比まへに同　●養土は赤土に野土を少ませ合て宜し　●肥分植は右同

あらせいとう…●花はこい紫なり咲比同　●用土は合土はかり用て宜し　●肥魚あらいしる折々根廻へ用なり　●分植は同前

杜若《かきつばた》…●花は紺浅黄白薄色咲比同　●養土は田土に水をため用也　●肥はごみほこりを少宛根廻へ入て吉　●分植は同前

エビネ（ラン科）の変種と思われ、「南京ゑびね」は銘品とする。

「金銀風花」は、キンポウゲ（キンポウゲ科）722。

「春蘭」は、シュンラン（ラン科）3605と思われる。花色がいくつもあるということから、他の種を含む可能性があるため、総称名としてシュンランとする。

「はれん」は、ネジアヤメ（アヤメ科）3477。

「一八草」は、イチハツ（アヤメ科）3497。

「菖蒲草」は、アヤメ（アヤメ科）3467。

・当時から浅黄色があったと推測する。

「あらせいとう」は、アラセイトウ（アブラナ科）877。

「杜若」は、カキツバタ（アヤメ科）3472。

牡丹之類《ほたんのるい》…●花白赤薄白薄赤あり咲比同委は奥に記レ之なり　●養土はしらけたる赤土に砂を少ませ合て宜し委は奥にあり　●肥の事も奥にあり　●分植は九月中旬より十月の節迄

會津百合《あひづゆり》…●花薄色白あり咲比同前　●養土はしらけたる赤土に白すな営分合て用也　●肥茶からを夏中に一二度程少宛根廻に置へし　●分植事春秋の時分

升广《せうま》…●花白鳥足とも云咲比まへに同　●養土は肥土にすなを用て宜し　●肥は魚あらいしる少用て宜し　●分植は右同前也

九葉草《くえうさう》…●花紫色なり咲比同　●養土肥の事も右同断　●分植は二月の末より三月節まて

「牡丹之類」は、ボタン（キンポウゲ科）662。

「會津百合」は、『原色園芸植物大圖鑑』586頁1758（北隆館）のオトメユリ（ユリ科）の別名に「ヒメサユリ・アイヅユリ」とある。「會津百合」はオトメユリの可能性が高い。なお、『花壇地錦抄』の「さゆり」の説明文に「あいづゆりも同るい」とある。『牧野新日本植物圖鑑』には、ヒメサユリ（ユリ科）についての解説で「[日本名] サユリ（ササユリ）に似て小型なので云う」とある。

「升广」は、ショウマ類を示し、ユキノシタ科とキンポウゲ科に何種類かあり、詳細が不明なため、総称名としてショウマとする。注1参照。

「九葉草」は、クガイソウ（ゴマノハグサ科）2250。

児花《ちこはな》…●花紫色也からちこともいふ野に多し咲比まへに同　●養土は野土はかり用て宜し　●肥は右同前　●分植は二月初比より三月下旬迄に移す

丸子百合《まりこゆり》…●花白色也咲比まへに同　●養土はしらけたる赤土に白すな等分合て用也　●肥は茶から干粉ニシテ根廻に少つゝ土にませ合用て宜し　●分植は春秋の時分

こく百合…●花くろへに色咲比まへに同　●養土は合土用て宜し　●肥は同前也　●分植は二月末より三月節まて

仙臺萩《せんたいはき》…●花黄色也咲比まへに同　●養土は野土に肥土ませて宜し　●肥は雨のまへに小便少宛根廻にそゝくへし　●分植は春秋の比

白犬萩《しろいぬはき》…●花白色也咲比まへに同　●養土肥分植事何も右同前也

黄蘭《きらん》…●花黄色也咲比まへに同　●養土はしらけたる赤土に白すな等分合て用也奥に委記レ之　●肥は奥に蘭の所に委しるし置　●分植は八月末より九月節まて

「児花」は、オキナグサ（キンポウゲ科）701。
・種による繁殖もある。

「丸子百合」は、ナルコユリ（ユリ科）3405の可能性がある。『花壇地錦抄』に「まりこゆり」の名がある。「花うす紫中りん」と花色が「丸子百合」の「花白色」とは異なり、植物名は不明とする。

「こく百合」は、『花壇地錦抄』に「こくゆり」の名がある。花の色「くろへに色」から推測して、クロユリ（ユリ科）3385と思われる。

「仙臺萩」は、センダイハギ（マメ科）1192。

「白犬萩」は、イヌハギ（マメ科）1240で白色の花が咲くと推測する。

「黄蘭」は、キンラン（ラン科）887。
・キンランは菌従属栄養植物である。自生地であれば問題ないが、新たな場所での栽培はコナラなどの樹木の存在が不可欠である。

大蘭《たいらん》…●花黄色也咲比まへに同　●養土は右同奥に記レ之　●肥も分植事も同前也
山吹草《やまふきそう》…●花白黄四葉也咲比まへに同　●養土は肥土に少真土を加て宜し
　●肥は魚あらい汁用なり　●分植は二月末より三月節まて
風車《かさくるま》…●花浅黄白也咲比まへに同　●養土は合土用て宜し　●肥は右同　●分
　植は春秋の比
草牡丹《くさぼたん》…●花白色なり咲比まへに同　●養土はしらけたる赤土に砂を少ませて
　宜し　●肥は油しミたるかわらけを粉ニシテ根廻へちらし置て吉　●分植は
　春秋の時分同は秋の比吉
すじしやが…●花白色也咲比まへに同　●養土は合土用て宜し　●肥は魚あら
　い汁時々用て宜し　●分植は春秋の時分
山吹…●花黄色八重一重もある也又白色もあり是は稀也咲比まへに同　●養土
　は真土に少すなをませ合用　●肥は雨降まへを見合て少小便を根廻へそゝく
　へし　●分植は右同是非二草花一
小手毬《こてまり》…●花白なり咲比まへに同非二草花一　●養土肥分植事何も右同前
庭桜《にわさくら》…●花白薄色八重一重もあり咲比まへに同非二草花一　●養土肥分植事何も

「大蘭」は、スルガラン（ラン科）3608。
「山吹草」は、ヤマブキソウ（キンポウゲ科）791。
・種による繁殖もある。
「風車」は、カザグルマ（キンポウゲ科）739。
「草牡丹」は、クサボタン（キンポウゲ科）737。
「すじしやが」は、シャガ3473の園芸品種と推測する。
「山吹」は、ヤマブキ（バラ科）1045。
・シロヤマブキ（バラ科）1047は含まないものとする。まれに白花が咲くと推測する。
「小手毬」は、コデマリ（バラ科）1018。
「庭桜」は、ニワザクラ（バラ科）

右同前也

〈夏草の類〉

紫蘭《むらさきらん》…●花紫色也咲比は四月の比　●養土はしらけたる赤土に白砂等分合て用也　●肥も奥蘭所に委しるし置　●分植は八月の節より九月節まて

琉球百合《りうきうゆり》…●花赤色也咲比まへに同　●養土は赤土に肥土少加て宜し　●肥は魚あらいしる少根廻へ用也　●分植は八月末より九月節迄

木瓜草《ぼけさう》…●花紫色也咲比まへに同　●養土は合土用て宜し　●肥も分植も右同前

日光萱…●花黄色也咲比まへに同　●養土肥分植事も何も右同前也

芍薬《しやくやく》…●花白赤薄白薄赤其外色〳〵あり咲比まへに同　●養土は砂真土用て宜し　●肥は荏《エ》の油糟《あぶらかす》少宛用也但秋冬ばかり可ㇾ用　●分植は四月末より五月十日時分迄

1145。

◆「花壇綱目 巻上」の考察②

夏草の部（81種）

「紫蘭」は、シラン（ラン科）3576。

「琉球百合」は、テッポウユリ（ユリ科）3379。

「木瓜草」は、クサボケ（バラ科）1037。

「日光萱」は、ゼンテイカ別名ニッコウキスゲ（ユリ科）3347。

「芍薬」は、シャクヤク（キンポウゲ科）660。

・シャクヤクの株分け・植栽は秋が適している。

麒麟草《きりんさう》…●花るり色也又羅生門とも云咲比まへに同　●養土は合土用て宜し
●肥は茶から干粉ニシテ根廻へちらし置也　●分植は無時

のこ切草…●花白色也咲比まへに同　●養土肥も右同前也　●分植は二月の末より三月節まて

下野草…●花薄色白又薄赤もあり咲比前に同　●養土は肥土用て宜し　●肥は右に同　●分植は八月中旬より下旬迄の中

草下野…●花薄色也大かた右の花に能似る白色は無レ之　●養土は合土用て宜し
●肥は右同前也　●分植は春秋の時分

白けい…●花白色也咲比まへに同　●養土は右同前　●肥は雨降まへに小便少つ、そ、くへし　●分植は無時

薄けい…●花薄赤也咲比右同　●養土肥分植事右同前也

鷺宿…●花白湿氣の地を好ム也さぎさうとも云咲比まへに同　●養土は右同
●肥は馬糞少つ、右の土へませ合根の廻へ置へし　●分植は花つぼむ時分可レ然也

「麒麟草」は、ラショウモンカズラ（シソ科）2102。なお、ベンケイソウ（ベンケイソウ科）901の可能性は低いと思う。

「のこ切草」は、ノコギリソウ（キク科）2582。
・種による繁殖もある。

「下野草」は、シモツケ（バラ科）1001。

「草下野」は、シモツケソウ（バラ科）1107。

「白けい」は、白色の花が咲くシラン（ラン科）3576と推測する。

「薄けい」は、薄色の花が咲くシラン（ラン科）と推測する。

「鷺宿」は、サギソウ（ラン科）3523。

つれ鷺…●花白色也右同断　●養土は肥土に砂少ませ合用へし　●肥は茶から干粉にして夏中少宛根廻に置へし　●分植は春の比

山芍薬…●花白薄色也咲比まへに同　●養土は砂真土に肥土等分ませ合用へし　●肥は荏《エ》の 油糟《あふらかす》秋冬に少宛用へし　●分植は二月の末より卯月中旬迄是消安戸田谷より毎年移し来へし

から松草…●花白色也咲比まへに同　●養土は合土用て宜し　●肥は溝《みそ》水土を干粉ニシテ少宛根へちらし置へし　●分植は春の比

から百合…●花くれない咲比まへに同　●養土はしらけたる赤土に白すなませ合て用也　●肥は茶から干粉ニシテ根廻へちらし置へし　●分植は春秋の時分

せいらん…●花るり色咲比まへに同　●養土は右同前　●肥分植も右に同

あぢさへ…●花浅黄白赤あり非レ草に咲比まへに同　●養土は真土に肥土すな三色を等分にませ合用也　●肥は雨降まへに小便少そゝくへし葉花に不懸根廻ばかり　●分植は春秋の時分又指木にもよし

「つれ鷺」は、ツレサギソウ（ラン科）3529。

「山芍薬」は、ヤマシャクヤク（キンポウゲ科）661。
・種による繁殖もある。

「から松草」は、カラマツソウ（キンポウゲ科）173。

「から百合」は、『花壇地錦抄』に「唐ゆり」の記載があるが、ヒメユリの変種か。

「せいらん」は、ムシャリンドウ（シソ科）2089。

s「あぢさへ」は、アジサイ（ユキノシタ科）958。

布袋草《ほていさう》…●花薄色也是は消安し咲比まへに同　●養土は合土用て宜し　●肥は魚あらい汁用へし　●分植は花つほむ時分可然也

敦盛草《あつもりさう》…●花薄色也白色もあり是は熊谷草と云咲比まへに同　●養土肥分植事何も右同前なり

金銀花《きんきんくわ》…●花初白後黄色也　●養土は右同　●肥は馬糞少右の土へませ合用へし　●分植は春の時分

丁子草《ちやうしさう》…●花浅黄色也咲比まへに同　●養土は右同　●肥は茶から干粉ニシテ右の土にませ合用也　●分植は春秋の時分

美人草《びじんさう》…●花万葉千葉八重あり花芥子とも云咲比まへに同　●養土は右同　●肥は魚あら汁を折々可レ用なり　●分植は實を取春蒔也

一輪草《いちりんさう》…●花白也咲比まへに同　●養土肥も同前　●分植は春の時分

近江《あふみ》あちさへ…●花浅黄赤白の指交常のあちさへより半程少し　●養土は真土肥土すな三色を等分にませ合用也　●肥は雨降前に小便少根廻へそゝくへし　●分植は春秋の比

「布袋草」は、『草花絵前集』の「ほてい草」の絵からクマガイソウ（ラン科）3505と判断したが、「敦盛草」を見ると、熊谷草は別にある。したがって、注2のように不明とする。

「敦盛草」は、アツモリソウ（ラン科）3506。

「金銀花」は、スイカズラ（スイカズラ科）2401。

「丁子草」は、チョウジソウ（キョウチクトウ科）1989。

・種による繁殖もある。

「美人草」は、ヒナゲシ（ケシ科）797。

「一輪草」は、イチリンソウ（キンポウゲ科）703。

「近江あちさへ」は、アジサイの変種と推測するが、詳細がわからず不明とする。

大蘭《たいらん》…●花白色也咲比まへに同　●養土はしらけたる赤土に白すな等分合て用也　●肥は奥の蘭の所に委しるし置也　●分植は八月末より九月節まて

釣鐘草《つりかねさう》…●花白青あり咲比まへに同　●養土は合土用て宜し　●肥は魚あらい汁折々可用也　●分植は春の比

おかこうほね…●花うこん色咲比まへに同　●養土は合土に田土を少ませ合用也　●肥は魚あらい汁用也　●分植は春の比

そとのはますかし百合…●花黄朽葉色也　●養土は合土用て宜し　●肥は茶から干粉ニシテ根廻へ少つゝちらすへし　●分植は右同

桜撫子《さくらなてしこ》…●花薄色咲比四五月の中當春蒔たる苗来年咲根一年切にかるゝ　●養土は肥にすな少ませ合用也　●肥は右同　●分植は春の比

濱撫子《はまなてしこ》…●花薄色赤白あり咲比右に同　●養土肥分植事何も右同前

鬼神草《きじんさう》…●花白色也咲比まへに同　●養土は合土用て宜し　●肥は右同　●分

「大蘭」は、スルガラン（ラン科）3608か。
・二度目の記載。重複し錯誤か。
・前出の「大蘭」は「花黄色」であり、同じなら混乱している。

「釣鐘草」は、ホタルブクロ（キキョウ科）2448。
・種による繁殖もある。

「おかこうほね」は、リュウキンカ（キンポウゲ科）665。

「そとのはますかし百合」は、ソトガハマユリまたはハマユリ（ユリ科）3342。

「桜撫子」、サクラナデシコ（桜撫子）は、タツタナデシコ（龍田撫子）とも言われる。その渡来は明治末、1920年頃とされ、『花壇綱目』の刊行は延宝九年（1681）と200年以上前である。
そのため、「桜撫子」はタツタナデシコとは判断できない。

「濱撫子」は、ハマナデシコ（ナデシコ科）624。

「鬼神草」は、ユキノシタ（ユキ

植は無時
肥後臺《ひこたい》…●花浅黄薄色の紫あり咲比前に同し　●養土肥右同前　●分植は春の比

松本せんのふけ…●花くれない咲比まへに同　●養土は肥土にすなませ合用也　●肥分植事右同

花菖蒲《はなしやうぶ》…●花紫白浅黄薄色しほり飛入あり咲比五月　●養土は合土用て宜し　●肥は溝《みそ》水土を干粉にして根廻へ置へし　●分植は春秋の時分

せんよ花菖蒲…●花こい紫也咲比まへに同　●養土肥分植事何も右同前

白せんよ花菖蒲…●花白色也咲比まへに同　●養土肥分植事何も右同前

広葉かきつばた…●花紫色也咲比まへに同　●養土田土に合土少ませ水をため用也　●肥はごみほこりを根廻へ入て吉　●分植は右同

くるま百合…●花うこん色也咲比まへに同　●養土はしらけたる赤土に白すな等分合て用なり　●肥は茶から干粉ニシテ根廻へ少宛右の土にませ合用なり

ノシタ科）923。

「肥後臺」は、ヒゴタイ（キク科）2637。

「松本せんのふけ」は、マツモトセンノウ（ナデシコ科）605。

「花菖蒲」は、ハナショウブ（アヤメ科）3469。

「せんよ花菖蒲」は、『草花絵前集』の「花菖蒲」の記述に「せんやう」の名がある。ハナショウブの園芸種と推測する。

「白せんよ花菖蒲」は、同右の白花であればハナショウブの園芸種と推測する。

「広葉かきつばた」は、カキツバタの葉が広い園芸種と推測する。

「くるま百合」は、クルマユリ（ユリ科）3370。

●分植は二月末より四五月までもくるしからず

連玉草…●花黄色也咲比まへに同　●養土は合土用て宜し　●肥は右同　●分植は春秋の時分

つは…●花黄色也咲比まへに同　●養土肥分植事何も右同前也

姫百合…●花赤色也白色ありといへとも稀也咲比まへに同　●養土はしらけたる赤土に白すな等分ませ合用也　●肥は茶から干粉ニシテ夏中に一二度程根廻へちらすへし　●分植は春秋の時分

はかた百合…●花白色也咲比まへに同　●養土肥分植事も右同前

武嶌百合…●花朽葉色也咲比まへに同　●養土肥分植も右同前

すかし百合…●花紅なり咲比まへに同　●養土肥分植も右同前

南蛮《なんばん》百合…●花紅なり咲比右同　●養土肥分植も右同前

「連玉草」は、レダマ（マメ科）1197。

「つは」は、ツワブキ（キク科）2669。

「姫百合」は、ヒメユリ（ユリ科）3373。

「はかた百合」は『牧野新日本植物圖鑑』に記載されていないが、中国南部原産のユリ科球根類（Liliumbrownii var.corchesteri.）にハカタユリがある。

「武嶌百合」は、タケシマユリ（ユリ科）3371。

「すかし百合」は、スカシユリ（ユリ科）3372。

「南蛮百合」は、『草花絵前集』に「南蛮」の名がある。「南蛮百合」は、岩佐亮二はオレンジリリーを示唆。オレンジリリーは、ユリ科のユリ属とワスレグサ属の両方に

ひ百合…●花赤色なり咲比右同　●養土肥分植も右同前也

萱草《くさ〳〵さう》…●花朽葉色也咲比右同　●養土は野土と肥上と等分にませ合用也　●肥は魚あらい汁を折々用也　●分植は右同前也

姫萱草…●花薄色朽葉右の花に能似る咲比まへに同　●養土肥分植事何も右同前なり

姥百合…●花青色也咲比まへに同　●養土はしらけたる赤土に白すな等分に合用也　●肥は茶から用也　●分植は八月の末より九月節まて

夏菊…●花色〳〵あり咲比五六月の比　●養土は合土用て宜し　●肥は田作こまかに粉にして根廻へ少宛用又油かわらけ粉ニシテちらし雨降まへ見合小便を少宛根廻へそゝきかくへし　●分植は右同前也

鉄仙花…●花白中紫也咲比五月の比　●養土は肥土にすなませ合用也　●肥は

ある。ワスレグサ属トウカンゾウ（唐萱草）の可能性もあるが、ユリ属の可能性も高く、確定はできない。

「ひ百合」は、『花壇地錦抄』に「緋ゆり」の名がある。ヒメユリ3373の変種か。

「萱草」は、カンゾウ（ユリ科）類の総称名。

「姫萱草」は筑波実験植物園・植物図鑑によるとヒメカンゾウ（HemerocallisdumortieriE.Morr.var.dumortieri）、日本原産とある。

「姥百合」は、ウバユリ（ユリ科）3381。

「夏菊」は何種類かあり、夏期に咲くキク一般を指していると推測する。

「鉄仙花」は、テッセン（キンポ

魚あらい汁時々用也　●分植は春秋の時分

阿蘭陀撫子…●花色々あり咲比まへに同　●養土は右同前　●肥は茶から干粉にして可レ用也　●分植は實を春可レ蒔根は春秋の時分

さんしこ…●花紫也咲比まへに同　●養土は合土用て宜し　●肥は右同　●分植は秋の比

昼顔…●花白紫あり咲比五六月　●養土は真土肥土すな三色を等分にませ合用也　●肥は雨のまへに根廻へ小便少そゝくへし　●分植は実を取春可レ蒔也

高麗撫子…●花赤色也咲比まへに同　●養土は肥土にすな少ませ合用也　●肥は茶から干粉にして根廻へ少ちらすへし　●分植は春の比

あんしやべる…●花赤万葉也咲比まへに同　●養土は肥土に野土を少ませ用也　●肥分植も右同前なり

ウゲ科）378。

「阿蘭陀撫子」は『牧野新日本植物圖鑑』にオランダセキチク（ナデシコ科）621＝カーネーション＝アンシャベルと記されている。従って、「阿蘭陀撫子」と「あんしやべる」は、重複する。「阿蘭陀撫子」と「あんしやべる」の違いは、花色や形状であろう。当時は、それらを分けて記したものと推測する。

「さんしこ」は、ナツズイセン（ヒガンバナ科）3449。

「昼顔」は、ヒルガオ（ヒルガオ科）2019。

「高麗撫子」は、『花壇地錦抄』「ナデシコ（ヒガンバナ科）ノ抄」の「瞿麥のるひ」に「ちやうせん」があり、同じ植物である可能性が高い。

「高麗撫子」は、セキチク（ナデシコ科）の園芸種と推測する。

「あんしやべる」は、カーネーション（ナデシコ科）621。

風車…●花白色也咲比まへに同　●養土は右同前　●肥は雨のまへ小便少そゝくへし　●分植は春秋の時分

葵…●花八重千葉万葉あり咲比五月初比也　●養土は田土に合土少ませ合用也　●肥はごみほこりを根廻へ入て吉　●分植は實を取春秋の時分可ㇾ蒔也

小葵…●花大かた右に同咲比も同前　●養土肥分植事何も右同行

おくらせんのふけ…●花赤色也咲比六月　●養土は肥土にすなませ合用也　●肥は茶から干粉にして根廻へ少ちらすへし　●分植は春の時分

鬼《おに》百合…●花赤星あり咲比まへに同　●養土はしらけたる赤土に白すな等分合て用なり　●肥は右同　●分植は春秋の時分

鹿子《かのこ》百合…●花白に赤はきかけ紫の星あり咲比まへに同　●養土肥分植も右同前なり

張良草…●花薄色黄後大車トモ云咲比右同　●養土肥土に野土を少ませ用也　●肥は雨降まへに小便少かくへし　●分植は右同前也

黄萱…●花黄色也咲比まへに同　●養土は赤土に肥土少加て宜し　●肥は魚あらいしる少根廻へ用也　●分植は右同

「風車」は、カザグルマ（キンポウゲ科）739。再度の記載か。

「葵」は、タチアオイ（アオイ科）1539。

「小葵」は、ゼニアオイ（アオイ科）1542。

「おくらせんのふけ」は、オグラセンノウ（ナデシコ科）607。

「鬼百合」は、オニユリ（ユリ科）3368。

「鹿子百合」は、カノコユリ（ユリ科）3376。

「張良草」は、ハンカイソウ（キク科）2664。

「黄萱」は、ユウスゲ別名キスゲ（ユリ科）3348。

雪庭花《せっていくわ》…●花黄也咲比六月の末　●養土は合土用て宜し　●肥分植も同前

撫子…●花薄色一重白赤赤の八重紫の八重色々有咲比同　●養土は肥土にすなませ合用也　●肥は茶から干粉にして用也　●分植は同前なり

木帽子《こもうす》…●花薄色大小二種ありうるい草トモ云咲比まへに同　●養土は右同前　●肥は雨のまへ小便折々かくへし　●分植は右同

木香草…●花黄色也咲比まへに同　●養土は合土用て宜し　●肥分植も右同前なり

澤浮《たくしゃ》…●花白色也水草咲比まへに同　●養土は田土用て宜し水をたむる也　●肥はごみほこりを根廻へ入て吉　●分植は五月の時分

河骨《かうほね》…●花黄水草也咲比まへに同　●養土肥分植事何も右同前也

午時花…●花赤一年にかきる咲比まへに同　●養土は肥土にすなをませ合用也　●肥は茶から用て吉　●分植は実を取春可蒔なり

朝皃…●花浅黄白薄紫咲比まへに同　●養土分植も右同断

「雪庭花」は、ゼンテイカ3347の可能性がある。ゼンテイカ＝ニッコウキスゲであれば、前出の「日光萓」のニッコウキスゲと重複する。カンゾウ類らしいが、対応する植物名は不明。

「撫子」は、ナデシコ（ナデシコ科）618。

・ナデシコの園芸種を含んでいると思われる。

「木帽子」は、ギボウシ（ユリ科）3338。

・数種のギボウシを含むと推測。

「木香草」は、『花壇地錦抄』の「木香」「もつかう草」に対応するものでキク科のモッコウと推測する。

「澤浮」は、オモダカ（オモダカ科）2788。

「河骨」は、コウホネ（スイレン科）653。

「午時花」は、ゴジカ（アオギリ科）1558。

「朝皃」は、アサガオ（ヒルガオ科）

がんひ…●花白赤あり咲比まへに同　●養土は合土用て宜し　●肥は雨のまへに小便少かくへし　●分植は春秋樹下に植てよし

松前百合…●花こき紫咲比まへに同　●養土はしらけたる赤土に白すな等分ませ合用也　●肥は茶から干粉ニシテ夏中に一二度程根廻へちらすへし　●分植は春秋の時分

夏雪草…●花白色也咲比まへに同　●養土は合土用で宜し　●肥は魚あらい汁用て宜し　●分植は春の時分

こうぞ…●花黄色也咲比まへに同又白色もあり是は時節により八月の比咲もあり　●養土は肥土にすなをませ用也　●肥は右同前　●分植は春秋の時分

山百合…●花白に赤星ありさゆりとも云咲比六月　●養土はしらけたる赤土に白すな等分合て用　●肥は茶から干粉にして用也　●分植は右同前

2022。
・花弁として記載したのは『花壇綱目』が最初。
「がんひ」は、ガンピ（ナデシコ科）603。
・種による繁殖もある。

「松前百合」は、「松前」を「蝦夷」とすれば、エゾスカシユリ（ユリ科）3372の可能性がある。だが、「松前百合」は「花こき紫」で、エゾスカシユリの花色と異なる。なお、クロユリを蝦夷百合とも呼ぶことがあり、クロユリの可能性もあるものの、対応する現代名は不明とする。

「夏雪草」は、『牧野新日本植物図鑑』の記述からキョウガノコ（バラ科）1109の白花とする。

「こうぞ」は、コウゾ（クワ科）の可能性がある。だが、花は観賞するほど魅力がないので、判断に迷い不明とする。

「山百合」は、ヤマユリ（ユリ科）3378。

草美楊…●花黄色也咲比まへに同又たね時節により三四月の比咲もあり　●養土は合土用也　●肥は時々魚あらい汁用也　●分植は右同

あふ坂…●花白色也咲比六月　●養土肥分植事何も右同前

三河菅…●花黄色也咲比まへに同　●養土は赤土に肥土少加て宜し　●肥分植は右同断也

花壇綱目　巻上終

「草美楊」は、『牧野新日本植物圖鑑』に「美楊」をビヨウヤナギ（オトギリソウ科）とし、「美楊」＝ビヨウヤナギの草本とあることから、トモエソウ（オトギリソウ科）1580と推測する。

「あふ坂」は、『絵本野山草』の「撫子」の絵の中に「大坂」の文字がある。「あふ坂」はナデシコの仲間らしいが詳細は不明。

「三河菅」は不明。『牧野新日本植物図鑑』にミカワシンジュガヤ（カヤツリグサ科）が記されているが、この植物ではないと判断した。

〈注1〉

「升广」は、説明に「鳥足とも云」とある。この説明から、「升广」はトリアシショウマ（ユキノシタ科）であると思い込みやすい。しかし、『牧野新日本植物圖鑑』のトリアシショウマの解説を見ると、「昔トリアシグサといったのは、サラシナショウマであって本種ではない。薬用にする升麻のよい品質のものに『鶏骨』という品種があるが、日本名トリアシはこれになぞらえたもの。」とある。となると、サラシナショウマを指していると判断できそうだが、開花時期三月を考えると、トリアシショウマを否定できない。

「升麻」は、大昔から薬として知られていた。後漢から三国（三世紀）の頃に作成された『神農本草経』に生薬として記されている。また、明時代（十六世紀末）に編纂された『本草綱目』の草部一目録第十三巻草之二　山草類下三十九種の11番目に「升麻」が記されている。この「升麻」は、わが国に自生する植物についての記述ではなく、中国の薬草として解説されいている。

　ショウマ類のわが国での初見は、『資料別・草木名初見リスト』（磯野直秀）によれば、『易林本節用集』（1597年）に「トリアシショウマ（とりあし）」、『草花魚介虫類』（1661年）に「アワモリショウマ」、『草木弄葩抄』（1735年）に「サラシナショウマ（さらしな）」とある。そこで『易林本節用集』（国立国会図書館デジタルコレクション）を見ると、「登」の「草木」の項に「升麻」があり、「トリアシ」と仮名が振られている。これをもってトリアシショウマとするのは問題がある。

　当時の「升麻」の評価は、観賞用の草花より薬草としてのほうが重要であった。薬効の優れたキンポウゲ科のサラシナショウマがユキノシタ科のショウマ類より後に出てくるのは合点がいかない。貝原益軒は、『花譜』ではショウマ類を記していないが、『大和本草』に「大倭木艸巻之六　艸之二　薬類」の中に「升麻」を記している。詳細は後述するが、わが国に自生するショウマ類を知っていたと思われる。益軒もショウマ類は薬草との認識が強く、当時の認識を反映しているものと推測する。

　『大和本草』（国立国会図書館デジタルコレクション）の「升麻」の記述を示すと、次のように記されている。

「升麻　若水云葉強クシテ筥根空木ニ似タリ又苧葉ニ似テ葉大ナリ葉皆向上一根叢生ス又別ニ能似者勿誤混本草日生苗高三尺以来四五月著花似粟穂六月以後結実黒色中華ヨリ来ル外黒ク内青色ナルヲ用ユヘシ時珍云今人惟取裏曰く外黒而緊賞者ヲ○本邦ノ俗醫升麻ト稱ノ用物ニ種アリ一種ハ鳥足ト云其葉芹ニ似タリ一種ハタデノ升麻ト云葉モ茎モ犬タテニ似タリ—種共ニ升麻ニアラズ必不可用○今案本草無忌火之説入門曰発散生用補中酒炒止咳汗者蜜炒國俗以為忌火者何也」とある。

　以上の記述から、益軒は、本邦の「升麻」が2種あることを記し、1種を「鳥足ト云其葉芹ニ似タリ」と記しているのであろう。葉の形状から見て、「升麻」はトリアシショウマ（ユキノシタ科）よりも、キンポウゲ科のショウマ類に近いと判断できる。また「醫升麻」ということから、「升麻」はトリアシショウマ（ユキノシタ科）でなく、サラシナショウマ（キンポウゲ科）と推測できる。

　なお、花伝書に記された升麻を捜すと、『花傳大成集』元禄五年（1692）に「しやうま」、『砂鉢生花傳』安永四年（1775）に「升麻」と記されている。『挿花故実化』安永七年（1778）には、図の中に「薬研　升厂」と記されている。『和樂旦帳』寛政八年（1796）に「舛麻」と記されている。これらの中で、『挿花故実化』は、図は比較的正確に描かれ、サラシナショウマらしく見える。この図から、生花に使用された「薬研　升厂」は、サラシナショウマであろう。

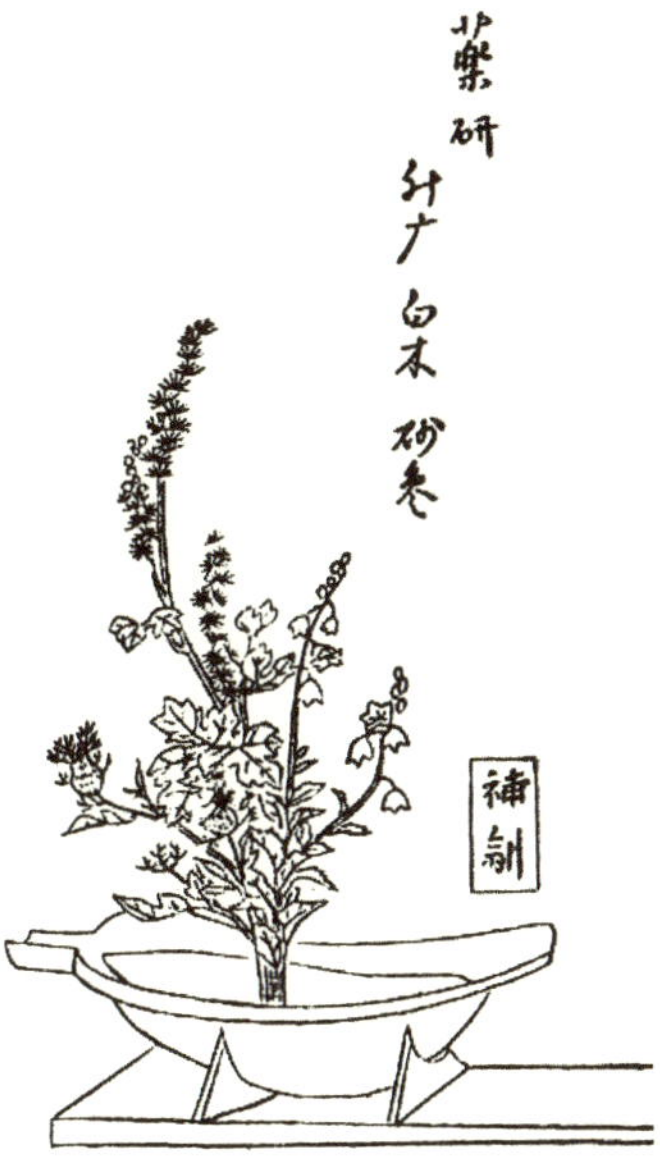

升厂の図（『挿花故実化』より）

〈注2〉

「敦盛草」の記述は、「花薄色也白色もあり是は熊谷草と云」とある。したがって、「敦盛草」の白花を「熊谷草」と解釈できる。となると「布袋草」はどのような植物なのだろう。

そこで『花壇地錦抄』を見ると、「敦盛草」は「花形ほてい草ニ似て異有ほろかれたるごとく紫」とある。「熊谷草」は「あつもり草の花うす白キ物」。さらに「布袋草」は「花形丸クして宛子安貝の形なり色うすむらさき」とある。これで、「布袋草」「敦盛草」「熊谷草」の整理がついたように見えるが、「布袋草」はどのような植物か、『牧野新日本植物圖鑑』の中からは見つからない。

さらに、『草花絵前集』（伊藤伊兵衛三之丞が描いた画を政武が編集刊行）を見ると、「ほてい草」にクマガイソウの絵が描かれている。『花壇地錦抄・草花絵前集』（平凡社東洋文庫・江戸版）の「布袋草」の解説は、「布袋草」をクマガイソウとしている。『草花絵前集』の絵からクマガイソウとしたのであろう。そして、『花壇地錦抄』本文にある「熊谷草」は不明としている。となると、『花壇綱目』「敦盛草」の「熊谷草」はどのような植物になるか迷ってしまう。

クマガイソウの初見は、『資料別・草木名初見リスト』（磯野直秀）では『花壇地錦抄』としている。これは、『花壇地錦抄』本文中の「熊谷草」、「草木植作様伊呂波分」の「くまがへ草」を指していると思われる。なお、「熊谷草」の初見は、『花壇地錦抄』（1695）ではなく、『後西院御茶之湯記』の延宝七年（1679）三月廿八日に「熊谷草」が使用

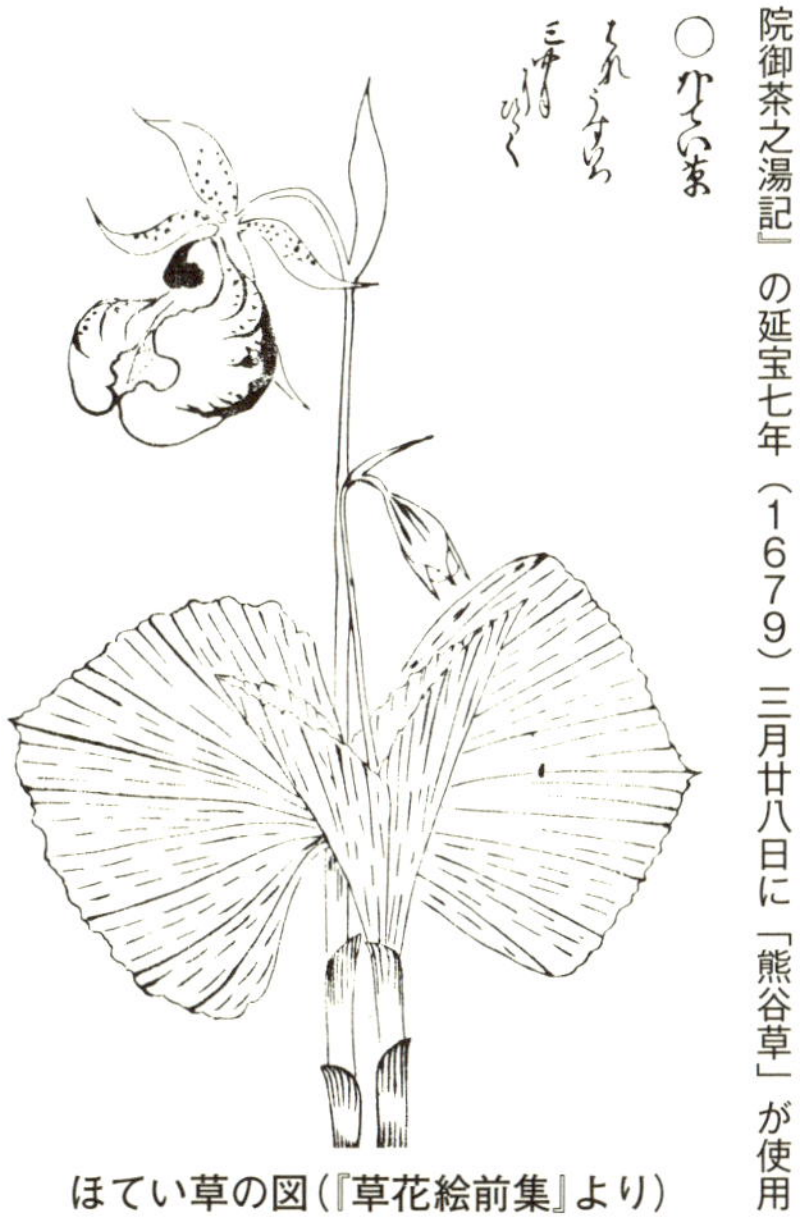

ほてい草の図（『草花絵前集』より）

されたことが記されている。

当時の認識として、『牧野新日本植物圖鑑』が記す「クマガイソウ」は、「布袋草」や「敦盛草」と呼ばれていた可能性がある。どちらにしても混乱していたことは確かである。なお、「熊谷草」の記述、『花壇地錦抄』では「あつもり草の花うす白キ物」、『花壇綱目』ではアツモリソウの「白色もあり是は熊谷草と云」がある。アツモリソウより花の色が薄いということで『牧野新日本植物圖鑑』を捜すと、コアツモリソウがある。花はアツモリソウより小さく、全体的にも小さい。コアツモリソウを不明な植物（布袋草や熊谷草など）と推測することは可能だが、判断する情報が少ない。したがって、『花壇綱目』の「布袋草」の現代名は確定できない。

花壇綱目　巻中

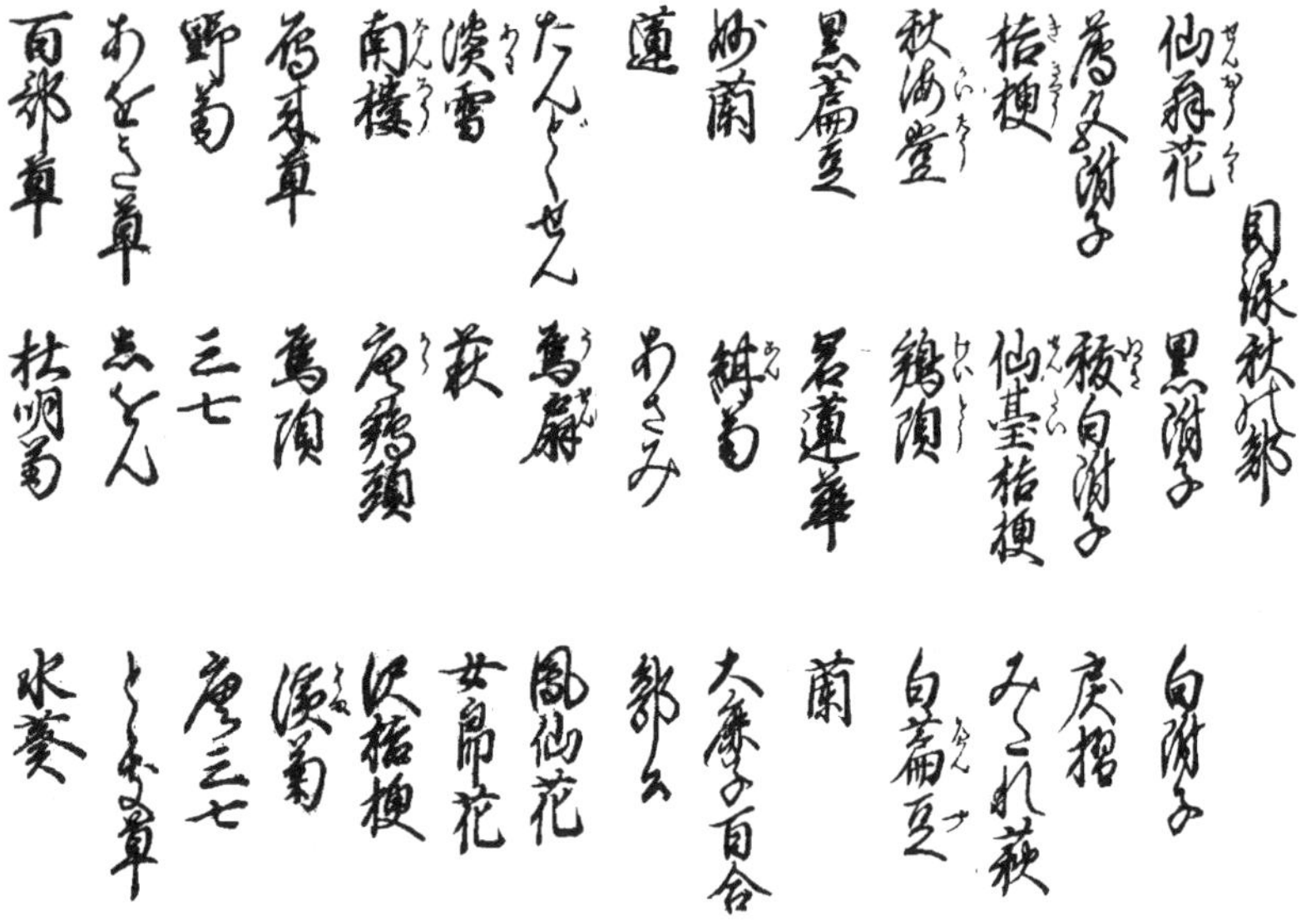

【目録秋の部】

仙翁花《せんおうくわ》　黒附子　白附子
薄色附子　抜《ぬき》白附子　戻摺
桔梗《ききやう》　仙臺《せんたい》桔梗　みされ萩
秋海棠《かいたう》　鶏頭《けいとう》　白藊豆《へんづ》
黒藊豆　岩蓮華　蘭
妙蘭　紺《こん》菊　大鹿子百合
蓮　あさみ　郭公
たんどくせん　烏扇《うせん》　鳳仙花
淡《あわ》雪　萩　女郎花
南楼《なんろう》　唐《たう》鶏頭　沢桔梗
鴈来草　烏頭　濱《はま》菊
野菊　三七　唐三七
あをき草　志をん　とゝき草
百部草　秋明菊　水葵

日向葵　濱木綿　草南天
广香草　芙蓉《ふやう》　蘭菊
沢菊　三葉丁子　澤《さわ》蘭
篠りんとう　菊　芭蕉《はせを》
白とりかぶと　白小蘭　瑠璃《るり》草

【冬の部】

常盤《ときは》草　寒菊　水仙花
冬牡丹　寒百合

【雑の部】

石竹　金銭花　高麗《かうらい》菊
紅黄《かうわう》草　万日講　長春

咲つゝくあまた梢の梅か
香をひとへになして
匂ふ春かせ

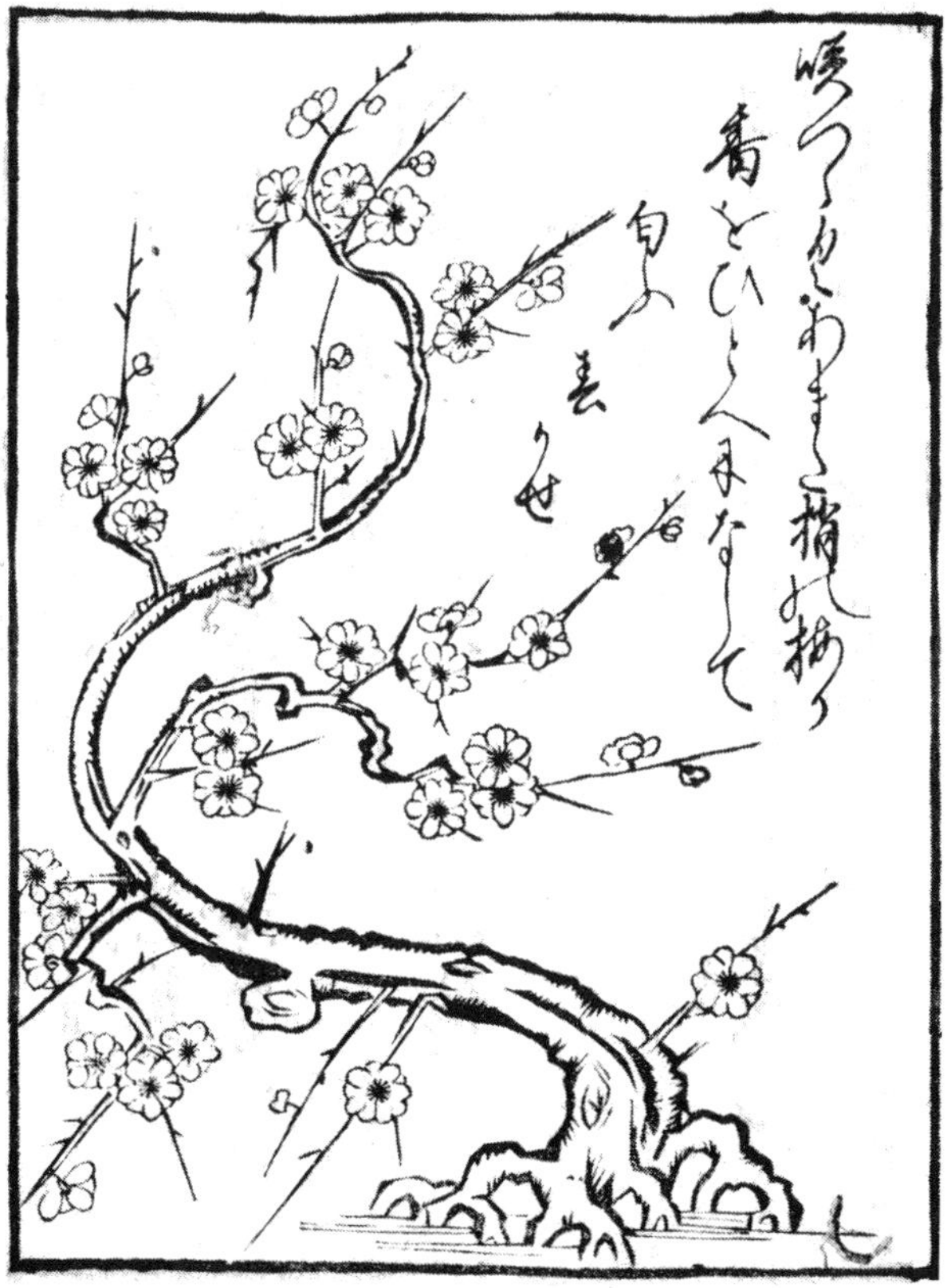

花壇綱目　巻中《まきのちゅう》

〔秋草の類〕

仙翁花《せんおうくわ》…●花白赤也咲比七月　●養土《やしなふつち》は合土用て宜し　●肥《こやし》は雨のまへに小便少葉花に不懸根廻へかけへし　●分植《わけうえる》は二月の末より三月節まて八月の末より九月節まて又樹下に植吉

黒附子…●花赤色也咲比六月末より七月中迄　●養土は肥上にすなませ用也　●肥は魚あらい汁少つゝ根廻へ用へし　●分植は春秋の時分

白附子…●花白色也咲比まへに同　●養土《やしなふつち》は肥《こやし》分植《わけうえる》事何も右同前也

薄色附子…●花赤薄色也咲比まへに同　●養土肥分植事何も右同前也

抜白附子…●花白色也咲比七月　●養土肥右に同し　●分植は秋の比樹下に植て吉

◆「花壇綱目　巻中」の考察①

秋草の類（57種）に示す植物名を『牧野新日本植物圖鑑』の植物名と対照する。科名、番号は『牧野新日本植物圖鑑』に従う。

「仙翁花」は、センノウ（ナデシコ科）604。
・種による繁殖もある。

「黒附子」は、フシグロセンノウ（ナデシコ科）606。
・種による繁殖もある。

「白附子」は、フシグロセンノウ（ナデシコ科）606の白花と思われる。

「薄色附子」は、フシグロセンノウ（ナデシコ科）の薄紫の花と思われる。『花壇地錦抄』の「紫節」であろう。フシグロセンノウの変種と思われる。

「抜白附子」は、『花壇地錦抄』の「抜節」、フシグロセンノウ（ナデシコ科）606の変種と思われる。

戻摺…●花薄色茎青也咲比まへに同　●養土は合土用て宜し　●肥は茶から干粉にして根廻へ少ちらすへし　●分植は右同
桔梗…●花八重一重白浅黄こき紫しぼりあり咲比まへに同　●養土は肥土にすなませ合用也　●肥は雨のまへ小便少根廻へかくへし　●分植は春秋の時分
仙臺桔梗…●花白に紺飛入咲比まへに同　●養土は右同分植も右同
みされ萩…●花紫白飛入なり宮城野とも云咲比より少宛咲七月中咲也　●養土肥同前　●分植は春の比
秋海棠…●花薄色也　●養土は田土に肥土すな少ませ合用也　●肥はごみほこり根廻へ少用て宜し　●分植は四月の時分〇〇水付に植てよし
鶏頭…●花白赤朽葉色紫赤白飛入咲比八九月の比　●養土は真土に肥土すなませ用て宜し　●肥は雨のまへ小便少根廻へかくへきなり　●分植は三月に実を蒔秋の比分なり
白藊豆…●花白なり咲比七月　●養土は肥土にすな等分ませ合用也　●肥は右同前　●分植は春秋の時分

「戻摺」は、モジズリ（ユリ科）3567。別名はネジバナ。
・播種による繁殖もある。
「桔梗」は、キキョウ（キキョウ科）2465。
・播種による繁殖もある。
「仙臺桔梗」は、『花壇地錦抄』の「桔梗るひ」に「仙臺」がある。白花に紫の斑が入ったキキョウの園芸種と思われる。

「みされ萩」はミヤギノハギ（マメ科）1233。

「秋海棠」は、シュウカイドウ（シュウカイドウ科）1645。
・播種による繁殖もある。
「鶏頭」は、ケイトウ（ヒユ科）529。
・一年草
「白藊豆」は、レンズ（マメ科）と思われるが、一年草なので確信はない。

黒蔦豆…●花紫なり咲比まへに同　●養土肥分植事何も右同前也
岩蓮華…●養土は肥土用也　●肥は魚あらい汁かくへし又折々水ばかりもよし
●分植は岩間々々右の肥土にて植其うへにこけを置也春秋の比
蘭…●花薄紫なり咲比七月　●養土はしらけたる赤土に白すな等分合て用なり
●肥は下巻の奥蘭所に委しるすなり　●分植は八月末より九月節まて
妙蘭…●花白なり咲比まへに同　●養土肥分植事何も右同前也
紺菊…●花こい黄なり咲比まへに同　●養土は合土用て宜し　●肥は田作こまかに粉にして根廻へ少宛用又油かわらけ粉にしてちらす也雨降まへ見合小便を少宛根廻へかくへし　●分植は秋の比
大鹿子百合…●花白赤はきかけ紫の星あり夏の部の鹿子百合より大輪也咲比まへに同　●養土はしらけたる赤土に白すな等分ませ合用也　●肥は茶から干粉にして根廻へちらすへし　●分植は春秋の時分
蓮…●花赤白薄色あり咲比六七月　●養土は田土用て宜し水をたむる也　●肥はごみほこり入てよし　●分植は右同前
あさみ…●花白紫なり咲比七月　●養土は肥土にすなませ合用也　●肥は雨の

「黒蔦豆」は、レンズ（マメ科）の紫花と思われるが、確信はない。

「岩蓮華」は、イワレンゲ（ベンケイソウ科）９１１。

「蘭」は、何種類かのランを指しているものと思われる。ラン（ラン科）の総称名とする。

「妙蘭」は手がかりがなく、確定できる資料が見つからなかった。

「紺菊」は、コンギク（キク科）２４９５。

「大鹿子百合」は、『花壇地錦抄』の「百合草のるひ」に記される「大ゆり」であろう。カノコユリ（ユリ科）３３７６の変種と思われる。

「蓮」は、ハス（スイレン科）６５１。

「あさみ」は、ノアザミやオニアザミなどを含むため、アザミ（キ

まへ小便少宛根廻へ用て宜し　●分植は秋の比

郭公…●花薄色に紫飛入咲比まへに同　●養土は合土用て宜し　●肥は魚あらいしる根廻へ用也　●分植は右同

だんどくせん…●花赤白薄色あり豊後百合とも云咲比まへに同　●養土はしらけたる赤土にしらすなませ合用也　●肥は茶から干粉にして根廻へちらし置へし　●分植は春秋の時分

烏扇…●花赤朽葉色也咲比六七月　●養土は肥土にすな等分ませ合用也　●肥は右同　●分植は春の比冬は掘出し家の下にいけ置へし

鳳仙花…●花色々あり飛入も有咲比七月　●養土は右同前也　●肥は雨のまへ小便少根廻へかくへし　●分植は実を二月に蒔秋の比分なり

淡雪…●花白也咲比八月　●養土は合土用て宜し　●肥は右同　●分植は七月末より八月中旬迄

萩…●花白紫也咲比まへに同　●養土は肥土にすなませ合用也　●肥は右同前

ク科）は総称名。

「郭公」は、ホトトギス（ユリ科）3326と思われる。が、ヤマホトトギス・ヤマジノホトトギスの可能性もある。総称名とする。

「だんどくせん」は、ダンドク（カンナ科）3500。
・播種による繁殖もある。

「烏扇」は、ヒオウギ（アヤメ科）3481。
・播種による繁殖もある。

「鳳仙花」は、ホウセンカ（ツリフネソウ科）1500。
・採種は開花後の秋、種蒔きは春・四月中旬以降五月中が最適。

「淡雪」は、『花壇地錦抄』の「草花秋之部」に「淡雪」がある。穂状の白花らしく、「淡雪」の二つ前に「淡穂」がある。両植物が似ているなら、オオバショウマかイヌショウマ（キンポウゲ科）となる。注3参照。

「萩」は、ヤマハギ（マメ科）1

●分植は実を春蒔苗にふせても植也

女郎花…●花黄也咲比まへに同　●養土は合土用て宜し　●肥は茶から干粉にして根廻へ少ちらすべし　●分植は春の比

南楼…●花白也藤袴とも云咲比まへに同　●養土は肥土にすなませ用也　●肥分植は右同前

唐鶏頭…●花紅紫かば朽葉とび色黄あり咲比八九月　●養土は真土に肥土すなませ用也肥は雨のまへ小便少根廻へかくへきなり　●分植は二月に實を蒔秋の比分なり

沢桔梗…●花瑠璃色咲比まへに同　●養土は肥土にすなませ又此草には野土加て宜し　●肥は右同前　●分植は春秋の時分取木指木にして吉

鴈来草…●花赤黄染分黄錦草とも云咲比まへに同　●養土は真土に肥土すなませ用也　●肥は右同前　●分植は二月に實を蒔秋の比分なり

烏頭…●花瑠璃色也咲比まへに同　●養土は肥土にすなませ用也　●肥は魚あ

235と思われるが、ハギ類を総称している可能性もある。
「女郎花」は、オミナエシ（オミナエシ科）2412。
・株分植栽は、秋も可能。

「南楼」は、フジバカマ（キク科）2475。

「唐鶏頭」は、『花壇地錦抄』の「草花秋之部」にも記されている。「鶏頭」と異なるのは、黄色の花があることで、ケイトウ（ヒユ科）529の園芸品種であろうか。

「沢桔梗」は、サワギキョウ（キキョウ科）2467。

「鴈来草」は、「雁来紅」であれば、ハゲイトウ（ヒユ科）534となる。別名「黄錦草」とあり、『牧野新日本植物圖鑑』に「錦草」ニシキソウ（トウダイグサ科）の記載があり、花が黄色のニシキソウを指す可能性もある。

「烏頭」は、トリカブト（キンポ

らい汁用て宜し　●分植は無時

濱菊…●花臺白内黄咲比まへに同　●養土は肥土にすなませ野土も加へ用なり
●肥は田作こまかに粉にして根廻へ少宛用又油かわらけ粉ニシテちらす也雨
降まへ見合小便を少宛根廻へかくへし　●分植は秋の比

野菊…●花浅黄也咲比まへに同　●養土肥右同前　●分植は春の比

三七…●花薄色也咲比まへに同　●養土は肥土にすなませ用て宜し　●肥は雨
のまへ小便少用也　●分植は無時

唐三七…●花黄色也咲比まへに同　●養土肥分植事何も右同前

あをき草…●花中白也咲比まへに同　●養土は合土用て宜し　●肥は魚あらい
しる用也分植は秋の比

ウゲ科）684。
・植えつけ播種は、春先が適する。
「濱菊」は、ハマギク（キク科）2602。海浜に咲くキクを指しているかもしれない。そのため、他のキクの可能性がある。

「野菊」は、野生に生育しているキクを指しているものと思われ、種名は決められない。

「三七」は、サンシチソウ（キク科）2636。『牧野新日本植物圖鑑』によると、サンシチソウ（キク科）は「隣国の支那から渡来」したとある。

「唐三七」は、サンシチソウそのものではなかろうか。となると、前記の「三七」との違いは花の色（薄色と黄色）だけで、どちらかが変種になるだろう。

「あをき草」は、上の記述だけでは、植物名を探る手がかりなく不明。

志をん…●花赤浅黄あり咲ころまへに同　●養土こやし右同分植は春の比
とゝき草…●花中浅黄也さく比まへに同　●養土肥右同前也　●分植は春秋の
　時分
百部草…●花紫色なり咲比まへに同　●養土は肥土にすなませ合用也　●肥は
　茶から干粉にして根廻へちらすへし　●分植は春の比
秋明菊…●花紫色なり咲比まへに同　●養土肥分植事右同前也
水葵…●花白薄色咲比まへに同　●養土は田土用て宜し水をたむる也　●肥は
　ごみほこり根廻へ入てよし　●分植は三月の比
日向葵…●花白大輪なり咲比まへに同　●養土肥同前　●分植は實をとり春可
　蒔なり
濱木綿…●花白也咲比まへに同　●養土は真土肥土すなませ合用なり　●肥は
　雨のまへ小便少根廻へ用て宜し　●分うへるは春秋の時分
草南天…●花紫色也咲比八月　●養土は肥土にすなませ合用て宜し　●肥は魚
　あらいしる根廻へかくへし　●分うへるは右同前
广香草…●花薄色なり咲比まへに同　●養土は合土用て宜し　●肥分植は右同

「志をん」は、シオン（キク科）2498。

「とゝき草」は、ツリガネニンジン（キキョウ科）2453。

「百部草」は、ヒャクブ（ヒャクブ科）3306。薬草として渡来か。

「秋明菊」は、シュウメイギク（キンポウゲ科）713。

「水葵」は、ミズアオイ（ミズアオイ科）3276。

「日向葵」は、ヒマワリ（キク科）2563。

「濱木綿」は、ハマオモト（ヒガンバナ科）3442。

「草南天」は、花色などからナンテンハギ（マメ科）1256と推測するが確証はない。

「广香草」は、「广」が「麻」なら「麻

前なり

芙蓉《ふやう》…●花一重八重白薄色なりさく比八九月　●養土肥分植事右同断

蘭菊…●花紫色也咲ころ八月　●養土は肥土に白すな赤土何も等分にませ合用て宜し　●肥は馬糞を干粉にして右根廻の土に交る也　●分植は春秋の時分

沢菊…●花薄色也咲比まへに同　●養土肥分植事何も右同断也

三葉丁子…●花黄色なり咲比まへに同　●養土は合土用て宜し　●肥は魚あらいしる根廻へ用へし　●分植は右同前なり

澤蘭…●花白なり咲比まへに同　●養土はしらけたる赤土に白すな等分合て用へし　●肥は下巻の奥蘭の所に委しるすなり　●分植は八月末より九月節まて

篠りんとう…●花白赤薄色咲比まへに同　●養土は合土用て宜し　●肥は魚あらいしる根廻へかけてよし　●分植ははるの時分

菊…●花白赤薄色浅黄朽葉かば飛入咲分其外品々色〳〵あり咲比まへに同

香草」だが、そのような名の植物は探せなかった。「广」が何を略したか不明なので判断できない。

「芙蓉」は、フヨウ（アオイ科）1546。

「蘭菊」は、ダンギク（キク科）2077。

「沢菊」は、サワギク（キク科）2655。

「三葉丁子」は、『華道全書』（1695年）から「三波丁子」がセンジュギク（キク科）2580とわかった。『牧野新日本植物圖鑑』にはセンジュギク＝アフリカンマリーゴールドとある。なお、『花譜』の十一月の記載に「三波丁子」が記されている。

「澤蘭」は、サワラン（ラン科）3545。別名はアサヒラン。

「篠りんとう」は、ササリンドウ（リンドウ科）1965。

「菊」は、キク（キク科）2584。

●養土は真土赤土肥土すな少ませ合用て宜し　●肥は色〳〵あり馬糞干粉にして根廻へちらすへし又雨のまへ小便根廻へかけてよし或は魚あらいしる用て宜し少はあぶらかす田作なともよろしきなり朝夕さい〳〵手入して時々は水をかけてよし　●分植は二月の末より三月中旬の比まて

芭蕉…●花少黄也咲比まへに同　●養土は真土肥土すな用て宜し　●肥は雨ふるまへ見合小便少根廻へかけて宜し　●分植は秋の比

白とりかぶと…●花白色なり咲比七八月也養土は合土用て宜し　●肥は魚あらいしる根廻へかけて宜し　●分植は春秋の時分

白小薗…●花白色なり咲比八月初より　●養土は肥土にすなませ合用て宜し　●肥は茶から干粉にして根廻へちらすへきなり　●分植は右同

瑠璃草…●花瑠璃色也咲比まへに同　●養土は合土用てよろし　●肥は魚あらいしる根廻へかけてよし　●分植は右同断なり

「芭蕉」は、バショウ（バショウ科）3488。

「白とりかぶと」は、白花のトリカブト（キンポウゲ科）684と推測する。

「白小薗」は、上の記述だけで、植物名を探る手がかりなく不明。

「瑠璃草」は、高山植物のルリソウ2037とサワルリソウ2050がある（共にムラサキ科）。この植物はサワルリソウのように思える。

〔冬草の類〕

常盤草…●花白色なり咲比十月　●養土は肥土にすな少ませ合用て宜し　●肥は小便少雨のまへに根廻へかけてよし又茶から干粉にしてちらしてもよろし　●分植ははる秋の時分

寒菊…●花黄色なり咲比霜月　●養土は真土肥土すなませ合用て宜し　●肥は馬糞干粉にして右の土にませ合根廻へ用てよし　●分植は六月なり

水仙花…●花白中黄なり咲比十一月十二月也　●養土は真土用てよろしきなり　●肥は右の土に業灰ませ根廻へ用て宜しまたは下肥馬糞右の内へ少加へ能ませとくと土をねさせて用なり　●分植は六月土用の中可然なり

冬牡丹…●花薄白赤なり咲比寒の前後なり　●養土はしらけたる赤土に砂を少加へ用てよろしきなり　●肥は右の土へ下肥ませ合土をねさせ糞気《ふんき》くさり土の能肥たる時こまかにくたきふるい右の根廻へ用てよろしきなり　●分植は九月中旬より十月下旬まても可然

◆「花壇綱目　巻中」の考察②

冬草の類（5種）

「常盤草」は、松またはカンアオイの別名とされる。そのため、カンアオイ（ウマノスズクサ科）435と推測するが確証はない。カンアオイは数種あり、総称名とすべきかもしれない。

「寒菊」は、カンギク（キク科）2590とするが、冬季に咲くキク類を指しているとも考えられる。『花壇地錦抄』の「冬草の部」にもあり、対応する植物名を確定するには不安がある。

「水仙花」は、スイセン（ヒガンバナ科）3443。

「冬牡丹」は、カンボタン（キンポウゲ科）662。

寒百合…●花薄白なり咲比冬より春へかけて咲なり　●養土はあか土用て宜し
●肥は右の土へ馬糞干粉にして少根廻へませあわせちらしてよろしきなり
●分植は春秋または六月土用の中も可然なり

〈雑草の類〉

石竹…●花白赤薄色浅黄朽葉かば飛いり咲分其外色たて品々すこしのちかひか
色々あり尤八重一重也　●養土は砂用て宜し少は肥土加へても可然なり
●肥は溝水土をあけ干粉にして沙ヲ少ませ根廻へ用てよろしき也　●分植は
種をとり其より毎月蒔は順々に花咲古根も三年程はあり

金銭花…●花黄なり　●養土は肥土にすな少ませ用て宜し　●肥は雨のまへ小
便すこし根廻へかくへきなり　●分植は二月より毎月種を蒔へき一年切にか
きるへし

高麗菊…●花黄赤縞白なり　●養土は真土肥土すな少ませ合用て宜し　●肥は
右の土へ馬糞干粉にして根廻へちらして宜し　●分植は右同断なり

「寒百合」は、カタクリ（ユリ科）3390。

◆「花壇綱目　巻中」の考察③
雑草の類（6種）

「石竹」は、セキチク（ナデシコ科）620。

「金銭花」は、キンセンカ（キク科）2672。

「高麗菊」は、シュウメイギク（キンポウゲ科）713の別名とすることがある。しかし、「秋の部」で「秋

紅黄草…●花こいかわなり　●養土は合土用て宜し　●肥は魚あらいしる用て宜し　●分植は右同前なり

万日講…●花紫色なり又千日紅とも云　●養土は肥土にすな少ませあわせ用てよろしきなり　●肥は馬糞干粉にして右の土に成程少ませ根廻へちらし可然なりまた魚あらいしるも折々用てよろし　●分植は無時

長春…●花赤薄色なり非草欤　●養土は真土に肥土すな少ませあわせ用てよろしきなり　●肥はあめのまへ見合小便少根廻へかけてよろしきなり　●分植は右同前なり

花壇綱目　巻中終

明菊」をシュウメイギク（キンポウゲ科）とし、重複する。他の資料、『絵本野山草』を見ると「高麗菊」の絵があり、葉の形状はシュウメイギクとは異なるキク科の植物である。「高麗菊」は、シュウメイギクと異なる可能性がある。

「紅黄草」は、コウオウソウ（キク科）２５８１。
・播種による繁殖もある。

「万日講」は、センニチコウ（ヒユ科）５４０。
・播種による繁殖もある。

「長春」は、コウシンバラ（バラ科）１１２７。

〈注3〉

「淡雪」は、『花壇地錦抄』の「草木植作様伊呂波分」に「あわもり　あわゆき　あわ穂　右八植分二、八月。野土二合肥よし。」とある。『花壇綱目』の「淡雪」の記述と矛盾していない。

さらに、『花壇地錦抄』の「草花秋之部」の記述も、開花が八月、「花白しあわほのるひ也」とある。「淡穂」も開花が八月、「白キ事水のごとし花形ハとらの尾草に似たり」とある。どちらも穂状の白い花らしく、キンポウゲ科の植物と推測できる。開花時期から見ると、キンポウゲ科のサラシナショウマ、オオバショウマ、イヌショウマがある。

薬効について何も触れていないことから「淡穂」「淡雪」は、オオバショウマ、イヌショウマが有力となる。どちらが「淡雪」か「淡穂」かは、判断できず本文中では植物名は不明とした。

花伝書『立花大全』天和三年（1683）に「淡雪」、『立花秘傳抄』貞享五年（1688）に「あわ雪」、『古今茶道全書』元禄六年（1693）に「あわ雪」、『生花枝折抄』安永二年（1773）に「淡雪草」、『千筋の麓』明和五年（1768）に「あは雪」と記されている。なお、『古今茶道全書』の「あわ雪」は、「あはもり」の次に記され、開花は両方六月とされている。

「あはもり」がアワモリショウマなら開花としては少し遅く、サラシナショウマやオオバショウマの開花には早い。『生花枝折抄』にも「泡盛草」「淡雪草」の順に記されている。花伝書に「淡雪」の記述はいくつかあるが、「淡穂」の名称は見つけることができなかった。「淡雪」は、比較的知られた植物だと思われるが、花伝書の記述からはどのような植物か判断しにくい。

なお、「升麻」等については前記34頁以降の注1のとおりで、サラシナショウマらしい記述もあるが不明としている。さらにアワモリショウマについて花伝書を見ると、『抛入花伝書』に「淡盛」、『立華指南』に「淡盛」、『古今茶道全書』に「あはもり」、『花の巻』に「あわもり」、『立花聞書集』に「あわもり」、『立花草木集』に「あわもり」、『深秘口傳書』に「あハもり」、『花書』に「粟盛」、『挿花千筋の麓』に「あはもり」、『生花枝折抄』に「泡盛草」とある。ショウマ類の植物名は、花伝書でもアワモリショウマくらいしか確定できない。

そこで、『花壇地錦抄』のショウマ類の現代名を示した『花壇地錦抄／草花絵前集』（東洋文庫288）を見る。この書の解説の部分に、「淡盛」「升麻」「薬種升麻」「草蓮花」「淡穂」「淡雪」に対応する植物名が記されている。

「淡盛」は、「アワモリショウマ、一名アワモリソウユキノシタ科の多年草。」とある。

「升麻」は、「名前からいうとサラシナショウマになるが、記載とは合わない。」とある。その記載とは、「あわもりのごとくにて、ふじいろなり。」を指している。様相はアワモリショウマに似ているが、花の色が「ふじいろ」であるため、白色のサラシナショウマではないと判断したものと推測する。結局、「升麻」の現代名は記されていない。

「薬種升麻」は、「不詳」とされている。

「草蓮花」は、「レンゲショウマ、一名クサレンゲ、キンポウゲ科多年草。本州、中部の深山林中に生ず。花は淡紫色」とある。

「淡穂」は、「サラシナショウマであろう。ユキノシタ科、多年草。本州、四国、九州の草原に生ず。『草花絵前集』に図がある。」とある。この記述で気になるのは、『牧野新日本植物圖鑑』によれば、サラシナショウマはキンポウゲ科である。『草花絵前集』の図を見ると、確かにサラシナショウマとよく似ており、「淡穂」をサラシナショウマと推測するのは理解できる。

「淡雪」は「不詳」とある。

解説で決定したのは、アワモリショウマとレンゲショウマで、サラシナショウマについては確定を避けている。

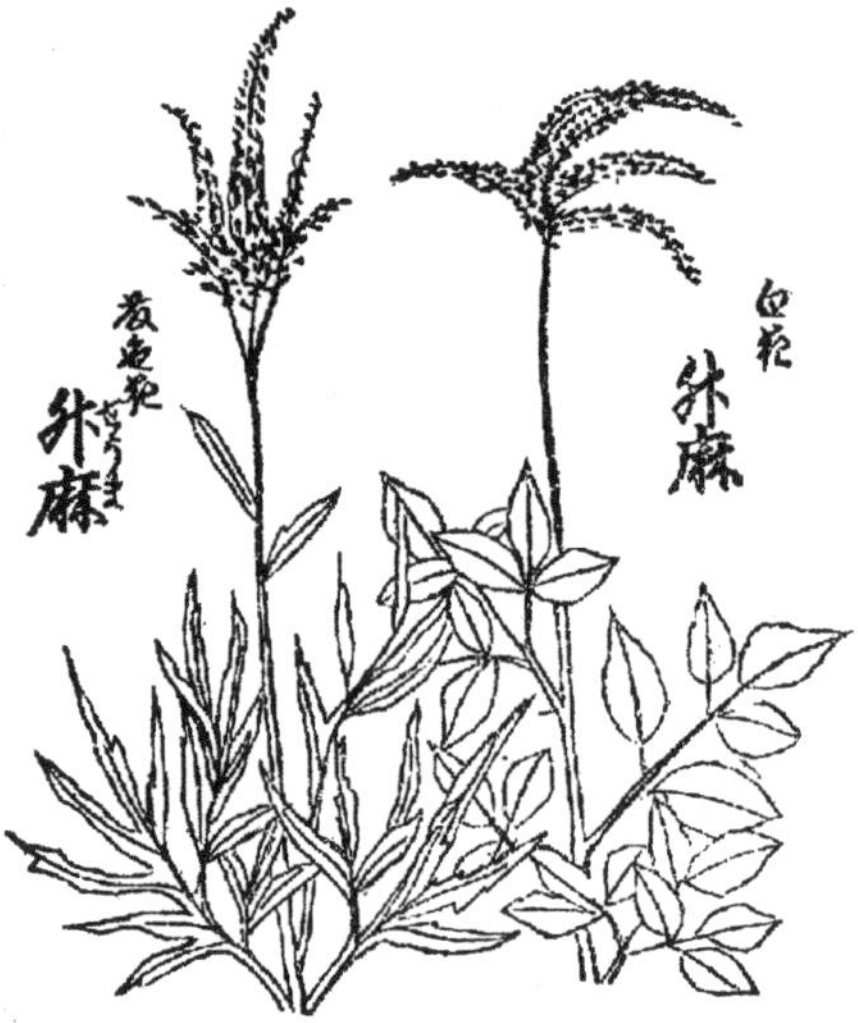

升麻の図(『広益地錦抄』より)。左はキンポウゲ科の葉に近く、右の升麻はユキノシタ科の葉に近い

花壇綱目　巻下

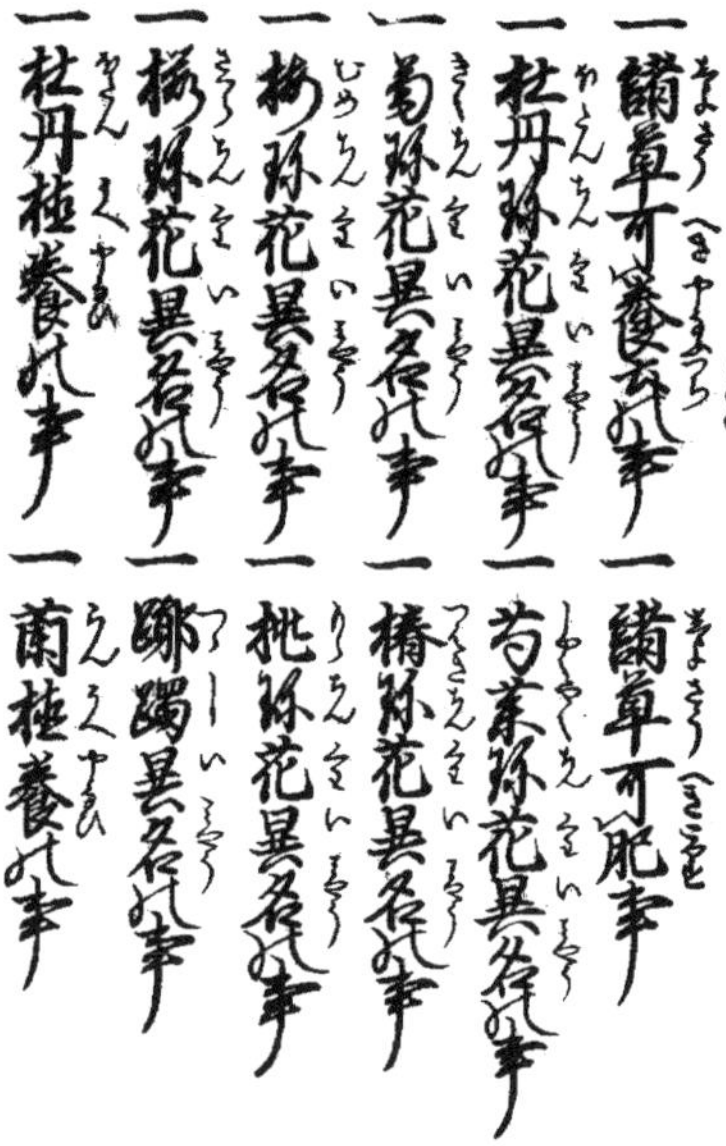

【目録】

春毎に みれとも
あかす 桜はな
としにや花の
咲まさるらん

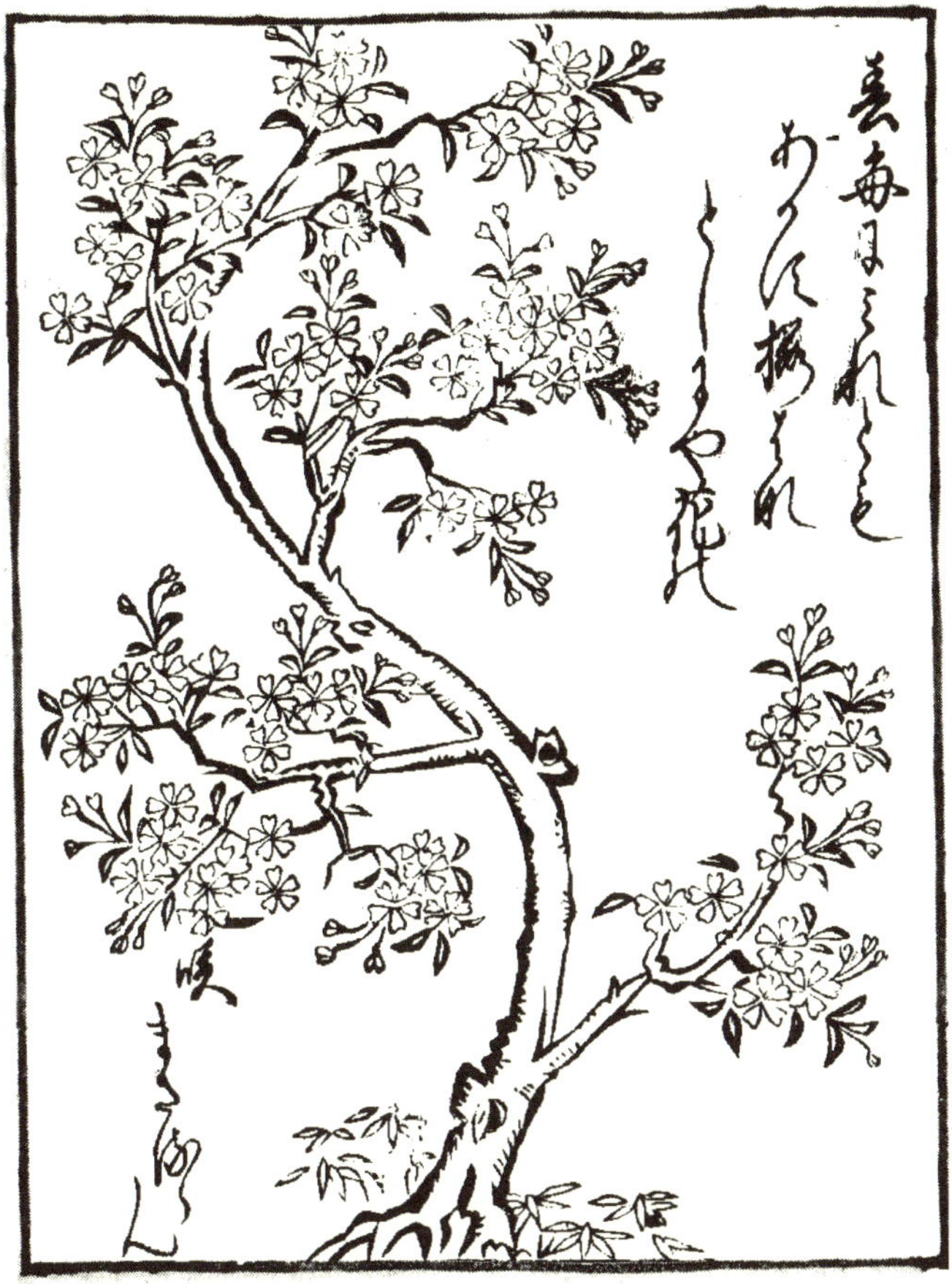

花壇綱目 巻下《まきのげ》

〈諸草可養土の事〉

一 真土《まつち》 細にはたきふるい用也水仙花并柑類に宜し又菊の類非草の分に少加へ用也

一 砂真土《すなまつち》 こまかにふるい用也芍薬に用て宜し

一 野土《のつち》 細にはたきふるい野花の類に宜し

一 赤土《あかつち》 こまかにはたきふるい蘭百合草の類又ゑひねるいとうのたくひに宜し

一 肥土《こへつち》 赤土の肥て黒みやわらかに成たるを云此ノ土は諸草に用てよろしきなり

一 沙 石竹瞿麦の類にふるい用て宜し

一 田土《たつち》 杜若蓮河骨水葵沢瀉大底此類に用て宜し但水をこのみ用る草花に宜し

一 合土《あわせつち》 野土赤土肥土沙是を等分にはたきふるい用也万草に宜し又五土とも云也

一 しのぶ土 赤沙にしのぶ草を切交てはたきふるい是は躑躅の類亦取木指木に用て妙なり

〔諸草《しよさう》可《へき》肥《こやす》事〕

一　馬糞《はふん》　寒気を痛草に宜し暑気を嫌草にも少宛根のまわりへ用也

一　下肥《けごへ》　強こやしてよき草に用へし但土にませ置久くして用也

一　田作《たつくり》　下肥を痛草に用へし能いりて粉にして用宜し

一　溝水土《みそみつつち》　干て粉にして沙を三分一程立てふるい石竹の類に用て宜し

一　魚洗汁《うおあらいしる》　根に肥の入かねる草に用なり諸草ともに少つゝ根廻へ用て宜し

一　荏油糟《ゑのあふらかす》　牡丹芍薬の類に少宛用てよろし但秋冬斗用て宜し

一　小便《せうへん》　大方の草にくるしからす但葉花に不懸根廻へ雨の降まへを見合かくへきなり

一　馬便《ばへん》　右より少やわらか也諸草とも少つゝ用てよろし用所同前なり

一　猫鼠類《ねこねすみのるひ》　牡丹柑類によろしと云未用知

一　油大器《かわらけ》　粉にして牡丹の根にちらして宜し

一　茶から　万草に用て宜し夏中に少根廻に置へし

一　業灰　さんしこ青蘭水仙等に用也其外下肥に交少宛用なり

一　油糟　牡丹菊芍薬の類其外の草に少用てくるしからす

一　ごみほこり　杜若蓮河骨水葵沢瀉大かた此類の草に用て宜し其外の草にも土にませ用てくるしからす

〈牡丹《ほたん》弥花《ちんくわい》異名《みよう》の事〉

白牡丹《はくほたん》　八重弐重白花に茎付紫あり

朝鮮白《てうせんしろ》　万葉岫付薄紫若は皆白もありさき色なり

紅牡丹《へにほたん》　紅弐重三重

朝鮮紅《てうせんへに》　紅万葉

芥子紅《けし》　紅色こく黒みたるほと也弐重三重

もあん　白の大輪なり

外記紅《けき》　紅少薄し盛には花の璃色さむる

朝鮮紫　万葉色うるはしき也

鳥子白《とりのこしろ》　八重咲出て花の四つ比まで玉子色也

黄牡丹《きほたん》　壱重かううの花の色

尾張白《をはりしろ》　花薄し少青みたりしほれたることく見ユ

八幡白《やはたしろ》　千よに咲端大キなりなか次第かさなり

薄紅《うすくれない》　八重弐重又やくらも有是をも紅と云なり

紫色《むらさきいろ》　八重二重やくら紫牡丹と云似せむらさき色なり

薄紫《うすむらさき》　八重やくらあり大輪也唐薄色とも云なり

藤色《ふちいろ》　八重弐重万葉こいうす

濃紫《のむらさき》　八重本紫色也

紺色《こんいろ》　二重八重紫に青みあるをいふなり

雪白《ゆきしろ》　弐種有壱種は岫付より芍薬の先斗飛入の如く

赤し一種茶のせん黄色

柿色《かきいろ》　薄色に少黄はしりたり又是も黄牡丹とも云なり

浅黄《あさき》　白に少鼠色の如く見ユ

飛入《とひいり》　弐重薄色に赤飛入有

讃岐《さぬき》　白也三階咲大輪なり

奈良白《ならしろ》　とち白く千よに咲端大也なら次第かさなり

竹《たけ》屋《や》取白《とのしろ》　大輪なり
行《きやう》叓《し》官《くわん》　白の大輪なり
紅牡丹　大輪なり
ひの下紅　大輪なり
本りやう院　紅の大輪
金ぶくりん　地あかし端白し
じほたん　大輪なり
から牡丹　大輪なり
高麗《かうらい》牡丹　大輪なり

菊《きく》牡丹《ほたん》　小輪なり
しゆけい　白花八重大輪
奥州《おうしう》紅《べに》　大輪なり
つまべに　地白くはた赤大輪
わし　地紫はた白し大輪
しゆ牡丹　大輪なり
もゝ色　こいうすあり大輪
児《ちこ》牡丹　白の八重咲小輪なり

右大かた牡丹の名しるし置候ことく此外にも色たて少つゝのちかひも可レ有品々なり

〔芍薬《しやくやく》弥《ちん》花《くわ》異《い》名《みよう》の事〕

からくれない　大輪也
酒天とうじ　大輪也
わしのかしら　大輪也
くわげんかう　大輪也
ゆきの明ほの　大輪也
新くれない　大輪也
玉ものまへ　大輪也
花たちはな　大輪也
うすきぬ　大輪也
あめか下　中輪也
しやうず嶋　大輪也
とりそめ　大輪也
まききぬ　大輪也
大くれない　大輪也

金山寺　大輪也
羅生門　大輪也
かもう　大輪也
くまたか　大輪也
いわつき　大輪也
あさひ　大輪也
楊貴妃　大輪也
百まん　中輪也
玉かつら　大輪也
せいこ　大輪也
軽しま　中輪也
ものかわ　大輪也
そとの濱　大輪也
ねりきぬ　大輪也

大やぐら　大輪也
ぎん山寺　大輪也
右はしやくやくの名なり此外色〳〵品々有の也
思ひ葉　大輪也
ともへ　大輪也
〈菊《きく》弥《ちん》花《くわ》異《い》名《みやう》の事〉

玉《きよく》牡丹《ぼたん》　白大輪咲出し黄公也
天《てん》りう寺《し》　うすむらさき大輪也
大般若《たいはんにや》　黄大輪なり　白有
南禅寺《なんせんし》　紫大輪中に蘂あるなり
建仁寺《けんにんし》　薄色大輪なり
奥州《をうしう》紅　赤の中輪なり
しんく　赤の小輪なり
濡鷺《ぬれさき》咲分　白黄中輪なり
より牡丹　白の中輪なり
大紅《おほくれない》　赤中輪蘂有朝日共云
丸箸《まるばし》　白の大輪なり
猩々《しやうしやう》　赤の小輪なり
濡鷺《ぬれさき》　白大輪花よれたり
正宗《まさむね》　白大輪咲出ス藤色也
両面《りやうめん》　白大輪なり
錦色　大松の葉とも云
門跡《もんせき》　紫と黄咲分中輪也
無類《なしるい》　白赤咲分小輪なり

きより　黄の中輪なり
伏見《ふしみ》常盤《ときわ》　黄柿の咲分大輪
大津《おほつ》物狂《ものくるひ》　大輪なり
豊前《ぶぜん》咲分　大輪なり
加賀がう　大輪なり
美濃《みの》紅菊　大輪なり
しゆきんかう　しゆせんし色の大輪なり
ひろしま　白の大輪
きふね菊　紫の大輪なり
すい楊貴妃　白黄の大輪あり
とうしじ　黄の大輪なり
北のおきな　うす色の大輪
かいとう菊　中輪なり
すわう菊　中輪なり
きく名菊　中輪なり

大柴　小輪なり
金しや　大輪なり
白より　大輪なり
難波　うす紫の大輪也
じとう　大輪なり
ほくとう　大輪なり
はつかん　うす色の大輪也
てつか　大輪なり
大ぜん　中輪なり
あわもり　白の中輪なり
熊かへ　中輪なり
老人　うす色の中輪
小紫　中輪なり
桜菊　中輪なり
すて子　うす色の中輪

たつちう菊　中輪なり
都まわり　紫の中輪
手鞠かき　中輪なり
ちゝみかう　中輪なり
一輪ほたん　中輪なり
酒天とうし　中輪なり
黄あわもり　中輪なり
かわりてつか　大輪なり
やうきひ　中輪なり
かわりわつは　紫の中輪也
金盞金臺《きんせいきんたい》　黄の小輪なり
金盞銀臺《きんせいぎんたい》　壱重白小輪紫黄也
参河《ミかは》咲分　薄紫と黄と中輪
南京目貫　黄にして殊小輪也
ぎんめぬき　白の小輪なり

はちす　中輪なり
たい黄　中輪なり
くちは　中輪なり
から松葉　中輪なり
あさひ　中輪なり
こん菊　中輪なり
せん菊　中輪なり
あさ菊　中輪なり
わつは　紫の大輪なり
三井寺　紅松葉咲分中輪なり蘂あり
金目貫《きんめぬき》　黄の小輪なり
銅目貫《とうめぬき》　薄赤小輪なり
黄三階《きさんかい》　中輪なり
黄袋《きぶくろ》　中輪なり
實盛《さねもり》　黄八重中輪也

南禅寺　咲　弐種あり内一は紫と
　　　　分　黄又一は紫と白なり

右は菊の名なり此外色々品々有の也

〔椿《つはき》弥花異名の事〕

しら雲　白き八重に赤飛入
いつも椿　白き八重に赤飛入
つるかしほり　地白く紫のしほり也
まつかさ　しほりの大輪なり
國しらず　地薄色の八重に赤飛入
むら雨　白き八重赤飛入
八幡しほり　赤き八重の大輪
國づくし　白き八重に赤飛入大輪
ひのしか　白き八重の大輪なり

雨か下　白八重の大輪赤飛入
人丸　白の八重大輪なり
本周防　千よの赤大輪なり
そこつ　白の八重にあか飛入
松かせ　しほりの大輪なり
と宮　白き八重に赤飛入
舟井侍　赤き八重のすじ椿なり
竹生嶋　白き八重に赤飛入
あさ日　白き八重に赤飛入

八幡飛入　赤き八重に白の飛入
青こしみの　白の八重咲の大輪
ほうくわ　白き八重に赤飛大
ほと丶きす　白き八重に赤飛大
大いさはや　赤き一重の大輪飛入
なきのみや　白き八重に赤飛大
奈良の都　白き八重に赤飛大
清がんし　白き八重に赤飛入
壬生万よ　白にあかの飛入
光とく寺　赤き千よに白飛入
せいわうほう　薄いろの八重也
大つま白　地薄色の八重に赤飛入
千本飛入　赤き八重に白飛入
初のみ山木　白き八重に赤飛入
じく椿　千よ赤に白の飛入

大はく　白のうへ重なり大輪
大白玉　白き壱重の大輪也
うくひす　赤の八重咲大輪なり
きふね　白き八重に赤飛入なり
いわた　白の八重大輪なり
妙義院　赤き千重白き飛入
しら菊　白き八重の大輪也
参國　紫の八重赤飛入はた白
玉じろ　大輪なり
めい山　白き八重の大輪なり
ちんくわ　白き八重に赤飛入
京飛入　花こしみの大輪なり
をくら　白き八重に赤飛入
与一椿　赤の万よ咲大輪也
高尾　白き八重に薄色飛入

あられ　八重の大輪なり
名月　白き八重に赤飛入
いだてん　白き八重也 早咲
八重しぼり　大輪なり
清水しほり　白き八重に赤しほり
かうらい　白の大輪なり
八坂飛入　白き八重に赤飛入
しゆしやか　白き八重に赤飛入
初夜のはた　白地うす色の壱重早咲
右は椿の名なり此外にも品々あるへし

一せき　赤き千重に白飛入
金杉　白き八重に飛入赤
ほの椿　白き八重に赤飛入也
たるま　赤き八重の大輪なり
みやこ　白き八重に赤飛入
さひふ　赤き千重に白飛入
ぬき白　八重咲の大輪なり
とつ　白き八重に赤飛入
藪椿　赤白壱重八重色の有中輪也

〈梅《むめ》弥花異名の事〉

一重の白梅　梅の内にくの中輪
一重の紅梅　梅の内にくの中輪
八重の白梅　中輪大輪あり
八重の紅梅　色のこひうす中輪大輪有
咲分の紅白　八重壱重中輪大輪有
早咲紅白　八重壱重中輪大輪有
とうし梅　早咲の中輪なり
みかいかう　中輪大輪あり
おうしゆく梅　中輪大輪あり
まやかう梅　中輪大輪あり
本りうし　八重うす色中輪
ゑい山紅梅　中輪大輪あり
ゆすら梅　小輪なり
とらの尾　中輪なり

うす色　中輪なり
浅黄梅　中輪なり
大梅　黄の大輪也
小梅　白の中輪也
黄梅　壱重早咲也
花座論　八重のうす色中輪
實座論　八重のうす白色中輪
天りう寺　八重の紅梅なり
やくら梅　中輪大輪あり
はな紙　匂ひあり実あり中輪
南京梅　黄の中輪匂ひ高し
すわう梅　中輪なり
難波梅　うす色の中輪大輪あり
難波白　八重の中輪なり

したれ梅　中輪なり
南禅寺　紅中輪也
軒端梅　中輪なり
出雲紅梅　一重の中輪
讃岐紅梅　一重の中輪
加賀紅梅　八重の中輪
松浦梅　紅八重中輪
備中紅梅　八重の中輪なり
かうだひ寺　黄色茶如針
からむめ　大輪なり
常陸座論　紅壱重中輪也
未開紅　中輪なり
匂ひ梅　白の八重中輪
右は梅の名なり此外にも色〳〵あるへし

難波紅　八重の中輪なり
豊後梅　白の一重中輪也
越中梅　白の中輪なり
大筑紫　大輪実も大なり
物くるひ　中輪なり
輪紫梅　白少うす色紫のりん茶あり中輪
花香実　薄色八重の中輪也
楊貴妃　薄色小輪なり
ぬき白　中輪なり
桃毒　白一重中輪也実は桃
とび梅　赤の中輪なり
ひばい　中輪なり

〈桃《もゝ》弥花異名の事〉

南京もゝ　壱重葉は柳のことし

毛上もゝ　桃の中にての大輪赤白の咲分なり

したれ桃　白赤あり中輪也

せいおうほう　千ようす色中輪也

右は桃の名なり此外にもあるへきなり

一重もゝ　白赤あり中輪大輪也

さもゝ　うす色の壱重なり

風車　赤の壱重中輪也

きとう　千よの大輪なり

〈桜弥花異名の事〉

山さくら　壱重なり桜の中にての中輪なり

きりか八　白八重壱重大りん也

江戸桜　中輪大輪あり

浅黄桜　中輪なり

伊勢桜　中輪なり

こんわう　中輪なり

ひがん桜　うす色白中輪なり

いと桜　中輪なり

うす色　壱重の中輪なり

ちもと　小輪なり

匂ひ桜　中輪なり

うば桜　中輪大輪あり

衛門桜　八重の大輪也
わしの尾　中輪なり
楊貴妃　中輪なり
塩かま　中輪なり
いわいし　薄赤色の大輪也
てまり　中りんなり
熊かへ　中りんなり
普賢像　中りんなり
仁和寺　中輪大輪あり
奈良桜　八重壱重中輪
車かへし　中輪大輪あり
きりん桜　中輪大輪あり
糸くゝり　中輪なり
大山木　中輪大輪有
右は桜の名なり此ほかにもあるへし

あり明　小輪中輪あり
霧か谷　小輪中輪あり
猩〳〵　小輪中輪あり
南殿　薄赤色有中輪也
正宗　中輪なり
爪紅　赤色の小輪
せき山　小りんなり
ひ桜　中輪大輪有
虎の尾　中輪大輪有
よし野　中輪八重壱重
法福寺　大輪なり
さかて桜　中りんなり
はちす　中輪なり
八重一重　中輪大輪有

〔躑躅異名の事〕

ぜんよ
おち合
身を
金して
はつ雪
ざい紅
さゝなみ
霜降段
四季紫
しやむろ
江戸紫
こけん万よ
楊貴妃うんせん

かも紫
しこん
しつめ
朝かほ
御所紫
後河万よ
大ひ
薄うんせん
ゆふ紅
くちへに
ともへうんせん
楊貴妃
せんきよ

花月
ふき紅
せんさん
三吉野
花車
八重して
常盤紫
牡丹紅
おそらく
かいさん
中うんせん
さつまうんせん
雨か下

まんよ
打入段
八はし
そし段
對馬紫
切か八
ます鏡
風くるま
らかん
あらし山
かいたん
牡丹つゝし
こい紅うんせん

くわ山
やしほ
明ほの
西行
せいはく
白清山
かこ嶋
朝鮮しほり
夏やま
へに段
三かううんせん
小さん
あるしき

紫丁子
しやくま
南京しほり
あわ雪
けしま
天狗まんよ
きりん
やつしろ
かりつゝし
淀かは
きぬかさ
こうくわさん
白万よ
ほうわう

しほりうんせん
白四季
かうはい
赤うんせん
雪さゝ
金たい
梅かへうんせん
巻きぬ
ふち色
常盤万よ
若紫
扇流し
ふたおもて
さても

こさくら
有馬うんせん
一しほ
初しほり
吉田しほり
夕なき
小式部
羽ころも
けん氏
小くれない
にしきたん
銀して
めい山
こてふ切嶋

与いち
けんてう
白うんせん
あふさか
くも井
肥後ちりめん
藤しま
さらしな
南京より紅
うす雲
こゝのへ
せいかひは
ちとせ
藤切嶋

桔梗うんせん
青柳
乱猩々
越中から草
七夕
銀たい
紫しほり
白さき
大くれない
はつせ雪
たつ田
白千よ
かわりしほり
白切嶋

八重の切嶋　紫切嶋　め切嶋　二重の切嶋　大切嶋
小切嶋　千よの切嶋　薄切嶋　花切嶋　万よの切嶋
山切嶋　野切嶋

右は躑躅の名なり此外数多有之あらましはかりしるし置なり年々の二月中旬より
三月中旬までにしのふ土を用取木指木にする也同し木のうちにて色たて咲出し少つ
ゝのかわり名をあらため付るなり

〈牡丹植《ほたんうへ》養《やしなひ》の事〉

一　牡丹植の法は九月中旬より十月中旬の比まて分植て可然なり掘《ほり》て植時根《ね》の高卑其筋《ひくそのすし》を見分土を間々へ能入て根のいこかぬやうに土をかけ植る土高く置あけて其うへに植て根先《ねさき》のさかるやうに植へし土はしらけたる赤土に沙を十分一くわへ下肥《げこへ》を多く切ませ百日斗置て糞氣《ふんき》くさりませて土の肥《こへ》たる時こまかにくたきふるい用なり霜月初よりくわたんに馬のふみたるわら馬糞《はふん》どもあつく置へし根廻ほり置は悪し正月の末二月中比雪きへて右のわらをとるへし沙斗に油糟《あふらかす》壱升程ませて地にちらし塵埃《ぢんあい》のなきやうに掃て置なり花の時は芦《あし》簾《すたれ》にて日覆《ひおゝひ》をして可然也花の後にはとるへし夏は茶からを根廻に置て晩景《はんけい》に白水あるひは清水をも湿《しめる》ほとそゝきてよし牡丹《ほたん》のめにとろ付たる所あらは白水にてあらふへし木に白虫付時是を不レ洗は木枯る也實《み》の蒔《まき》やうは六月土を用過七月初に實《み》を取　則《すなわち》蒔《まく》なり茶から壱升に土をませ一粒《りふ》つゝ並《ならへ》て其うへに茶から五分ほとかけて　蛤貝《はまくりかい》かぶせて置なり二月中旬の比右の貝をとるへし

〔蘭植《らんうへ》養《やしなひ》の事〕

蘭植土はしらけたる赤土に白沙等分に田にし生にてからともにくたき大豆を煮《に》たする汁を俗にあめと云是を等分に交て四五日程置田にしくさり土に成たる時細末してふるい石とからの沙を去植へし焼物《やきもの》の鉢亦《はちまた》は箱《はこ》に植置て宜し尤そこに水ぬきの穴《あな》あくへし常《つね》に土のしめり加減《かけん》を能見て二月中比より九月迄は雨にあて如レ露の水をそゝき時々日に當へし土かわくは悪し過れは根くさる九月末十月初より土蔵へ入置へし蔵へ入る時土にしめりを打少かわりて梱箱木を上に覆にして気の出る程あけて入置也到其除寒去暖氣《よかんさりだんき》に成時取出して日に當土へしめりをそゝくへし十月より正月末迄土へしめりかくへからす根へ蚯蚓《みゝづ》の不レ付やうにすへし夏中は茶からを根に置も宜し外の肥《こやし》何にてもよろしからす

花壇綱目 巻下終

水野氏元勝
元禄四辛未年仲冬吉辰
書林　浅野久兵衛
村井九良兵衛
山本八兵衛

◆「花壇綱目 巻下」の考察

諸草可養土の事

水野元勝の『花壇綱目』は土壌を、「真土（壌土か）、砂真土（砂壌土）、野土（黒土）、赤土（赤土）、肥土（畑土）、沙、田土、合土（混合土）、しのぶ土（赤沙にしのふ草を切交てはたきふるい）」と9種に分類している。

これらの分類は、一般的に知られていたかもしれないが、それには著者の体験が大きく影響していただろう。以後刊行される貝原益軒の『花譜』には、土壌に関して「総論」で少し触れているが、まとまった記述がない。貝原益軒は、実際に植えていたのであるから、それぞれの植物に対応する土を使っていただろう。個々の植物を植える土に関心がなかったのであろうか、不思議である。

次の刊行となる伊藤伊兵衛の『花壇《かだん》地《じ》錦抄《きんしょう》』は、「忍土（腐葉土）、真土（砂壌土）、野土（黒土）、赤土（赤土）、砂、肥土（畑土）、田土」と7種に分類している。この土壌分類は、『花壇綱目』を意識し、参考にしていたものと推測できる。

諸草可肥事

『花壇綱目』は肥料を、「馬糞・下肥・田作・溝水土・魚洗汁・荏油糟・小便・馬便・猫鼠類・油大器・茶から・業灰」と12種に分けている。

『花譜』ではさらに多くなり、「人糞・人尿《いばり》・洗浴の水・鳥糞・鶏糞・魚の洗汁・ほし海《い》鰮《は》魚《し》（干鰯）・かまどの灰・死猫・死鼠・溝泥・河の泥・せせなぎの泥水・米泔《しろみづ》・油かす・せんじ茶滓・豆腐のかす・竈の焼土・くさりたるすすかや・くさりわら等」と20種ある。

『花壇地錦抄』では、「合肥・くだし肥（下肥）・魚洗汁・田作（干鰯）」と4種に分けている。

土壌と肥料の記述は、『花壇綱目』ならではであるが、種類は細分化されすぎている。現代の植栽土壌の分類は、物理的な保水性（土性）から5分類（砂土・砂壌土・壌土・埴《しょく》壌土・埴土）している。

肥料は、植物の育成に必要な3栄養素（窒素・燐酸・カリ）を基本にし、主に含まれる肥料分ごとに分けている。当時の情況からは、実際に使用する材料を示すことから、煩雑になったものと考えられる。そのためか、土壌と肥料の内容が混乱（「肥土」は土壌の物理性に加えて養分を含んだもの）もしている。

また、肥料の中に効用の定かでない「茶から」がある。確かに、茶殻には抗菌・消臭作用があり、タンパク質などが肥料になり、虫よけにも効くとあるが、肥料として挙げるほど期待できない。

あるとすれば、土壌改良的な効用のほうが有効である。『花壇綱目』には「茶から」が多用されているが、『花壇地錦抄』には出てこない。伊藤伊兵衛は、肥料としての効用を認めていなかったか、使用しなかったということであろう。

なお、『花壇地錦抄』の肥料の項目に「業灰」、カリ肥料に対応するものがない。伊藤伊兵衛は、草木灰を使っていなかったのだろうか、それとも肥料という認識がなかったのだろうか、これも不思議である。

珍花異名について

珍（旧字で珎）花異名として記された品名は大半が園芸種で、『牧野新日本植物圖鑑』にはほとんど載っていないと思っていた。だがよく見ると、巻上・中に記されていなかったが『牧野新日本植物圖鑑』に掲載された植物がいくつか見つかった。そのような植物名を順に検討する。

牡丹珎花異名の事

「牡丹珎花異名の事」には、41品のボタンが記されている。その中に『牧野新日本植物圖鑑』に掲載された植物名はない。

『花壇綱目』に記されたボタンの品名は、『花壇地錦抄』にも記されていると思われる。そこで、『花壇地錦抄』のボタン486品と対照させると、同じと推測できる品名が19品ある。

それは、「浅黄・奥州紅・尾張・唐牡丹・黄牡丹・行事官・紅牡丹・高麗・紺色・さぬき・白牡丹・児牡丹・朝鮮紫・爪紅・飛入・鳥子・藤色・茂庵・雪白」である。

これらが同じ植物かどうかを検討するため、重複した品名の内容を比べる。

『花壇綱目』の記述

「もあん」は「白の大輪なり」。

「尾張白」は「花うすし　少青みたり
しほれたることく見ユ」。

「児牡丹」は「白の八重咲き小輪なり」。

「高麗牡丹」は「大輪なり」。

「飛入」は「弐重薄色に赤飛入有」。

「黄牡丹」は「壱重かううの花の色」。

「白牡丹」は「八重二重白花」。

「から牡丹」は「大輪なり」。

『花壇地錦抄』の記述

「茂庵」は「大りん五六重平花、咲き出し少しうつろいあり、けしみ赤し、うすがきの実もあり、はなひかり白し、上々」。

「尾張」は「花少しあおさみさしたるように見ゆる」。

「児牡丹」は「中りん八重付きなし、少しうつろいあり、実青くの先に色あり、菊とじとも重輪白とも云」。

「高麗」は「大りんかさね少し、内に色あり」。

「飛入」は「弐重うす色にて赤とび入りあり」。

「黄牡丹」は「単色の花の色」。

「白牡丹」は「八重二重しろしじく付のトコロに紫色なり」。

「唐牡丹」は「大りん五重内に付少しあり」。

「雪白」は「弐種有壱種は岫付より芍薬の先斗飛入の如く赤し、一種茶のせん黄」。

「浅黄」は「白に少鼠色の如く見ユ」。

「奥州紅」は「大輪なり」。


「紅牡丹」は「紅弐重三重」。


「藤色」は「八重弐重万葉こいうす」。

「朝鮮紫」は「万葉色うるわしき也」。


「行叓官」は「白の大輪なり」。

「つまべに」は「地白くはた赤大輪」。

「紺色」は「二重八重紫に青みあるをいふなり」。


「讃岐」は「白也三階咲き大輪なり」。

「鳥子白」は「八重咲出て花の四つ比まで玉子色也」。


「雪白」は「花しろきよし」。


「浅黄」は「白く少しねずみ色に見ゆるをいふ」。

「奥州」は「大りん十四五重色よし少し付あり、是は並河の外なり」。

「紅牡丹」は「大りん九重色こく東大寺千貫屋などのかげもなく見事に出来るよし、実生寅の年初咲き」。

「藤色」は「花形あしゝ、二反付こき紫なり」。

「朝鮮紫」は「こき紫光あり、しべの内よりちぢみたるやぐら出る」。

「行事官」は「うす色花形吉ぢんでうにて巾六七寸楊貴妃ニ似たり」。

「爪紅（つまくれない）」は「中りん三四重はし三分ほどこきくれない中にとび入ニツ三ツ有こきくれない」。

「紺色」は「中りん二重八重紫青みあり」。

「さぬき」は名前だけ記す。

「鳥子」は「八重咲き出し花の四つ頃迄は玉子色開きて後白し」。


以上の中で、内容から同じと推測できそうな品は、「茂庵・尾張・高麗・飛入・黄牡丹・白牡丹・唐牡丹・浅黄・奥州・紺色・鳥子」の11品である。

なお、まったく同名であるが、「児牡丹」は中りんと小輪の違い。「雪白」は詳細が不明。

「紅牡丹」は九重と弐重三重の違い。「藤色」は色の違い。「行吏官」はうす色と白の違い。それぞれの違いから、同じ植物とは断定できなかった。また、「さぬき」については、『花壇地錦抄』で内容が記されていないことから判断ができない。

『花壇綱目』と『花壇地錦抄』の作成時は、30年ほどしか違わない。にもかかわらず『花壇綱目』のボタンは、『花壇地錦抄』には11品しか見つからなかった。花の流行が目まぐるしく変化したのだろうか。それとも、あまりにも多くのボタンが生み出され、記載漏れが生じたのであろうか。

「珍花異名」の植物を考察することは、想像以上に難しい。

芍薬弥花異名の事

「芍薬弥花異名の事」には、32品のシャクヤクが記されている。その中に『牧野新日本植物圖鑑』に掲載された植物名はない。なお、『花壇綱目』に記されたシャクヤクの品名は、『花壇地錦抄』にも記されている。

そこで、『花壇地錦抄』のシャクヤク116品と対照させると、同じと推測できる品名が8品ある。それは、「あめか下・新くれない・ものかわ・楊貴妃・わしのかしら・金山寺・大くれない・羅生門」である。

これらが同じ植物かどうかを検討するため、品名の説明を比べる。

『花壇綱目』の記述

「あめか下」は「大輪也」。

「新くれない」は「大輪也」。

「ものかわ」は「大輪也」。

「楊貴妃」は「大輪也」。

「わしのかしら」は「大輪也」。

「金山寺」は「大輪也」。

「大くれない」は「大輪也」。

「羅生門」は「大輪也」。

『花壇地錦抄』の記述

「あめかした」は「うす色もりあげ中ニけんしべ又上に大平しべあり」。

「しん紅」は「皿上々くれない上に太平しべ小しべまぢりもり上ケ」。

「もの川」は説明の記載なし。

「やうきひ」は説明の記載なし。

「わしかしら」は「くれないもりあげ」。

「金山寺」は説明の記載なし。

「大くれない」は「皿上紅中ニ太平もり上ケさら一はい上々紅」。

「羅生門」は「上くれないもりあけのよし」。


以上のように、『花壇綱目』の説明は、同じ植物と判断するには簡単すぎる。そのため、名称が似ていると言うことはできるが、同じ植物であるとは判断できない。逆に、否定することができないという消極的な判断であり、同じシャクヤクと断定するには問題がある。

菊弥花異名の事

「菊弥花異名の事」には、79品のキクが記されている。品名は大半が園芸種で、『牧野新日本植物圖鑑』にはほとんど載っていないが、その中に「こん菊」がある。「こん菊」は

「秋の部」に記された「紺菊」と同じならば、コンギクと思われるが確証はない。

菊の品名については、『花壇地錦抄』に「夏菊のるい」として20品、「菊のるい　末より冬初」として230品、合計250品が記されている。これは『花壇綱目』の約3倍以上の品名であり、この中には『花壇綱目』と共通する品名がかなりあると期待した。『花壇綱目』には、『花壇地錦抄』と同じであると推測可能なキクの品名が31品ある。

これらが同じ植物かどうかを検討するため、品名の説明を比べる。

『花壇綱目』の記述

「一輪ほたん」は「中輪なり」。

「かいとう菊」は「中輪なり」。

「玉牡丹」は「白大輪咲出し黄公也」。

「金盞銀臺」は「壱重白小輪紫黄也」。

「金目貫」は「黄の小輪なり」。

「ぎんめぬき」は「白の小輪なり」。

「熊かへ」は「中輪なり」。

「小紫」は「中輪なり」。

「こん菊」は「中輪なり」。

「實盛」は「黄八重中輪也」。

「じとう」は「大輪なり」。

「酒天とうし」は「中輪なり」。

「猩々」は「赤の小輪なり」。

「すい楊貴妃」は「白黄の大輪あり」。

『花壇地錦抄』の記述

「一輪牡丹」は「うす色白大りん」。

「かいだう」は説明の記載なし。

「玉牡丹」は「さくら色もりあげ中りん上々」。

「金さん銀たい」は「中黄色にて大白大りん」。

「金めぬき」は「黄色小りん」。

「銀めぬき」は「白少りん」。

「くまがえ」は説明の記載なし。

「小紫」は「むらさき中りんより小ふりもり上ケ」。

「こんきく」は説明の記載なし。

「さねもり」は「黄ニ色ありもり咲大りん」。

「ぢどう」は「黄色小りん」。

「酒呑童子」は説明の記載なし。

「しょうじょう」は「成ほどくれない大りん」。

「水楊貴妃」は「白中りん」。

「すわう菊」は「中輪なり」。

「天りう寺」は「うすむらさき大輪也」。

「南禅寺」は「紫大輪中に蘂あるなり」。

「難波」は「うす紫の大輪也」。

「濡鷺」は「白大輪花よれたり」。

「はちす」は「中輪なり」。

「ひろしま」は「白の大輪」。

「伏見常盤」は「黄柿の咲分大輪」。


「丸箸」は「白の大輪なり」。

「三井寺」は「松葉咲分中輪なり蘂あり」。

「無類」は「白赤咲分小輪なり」。

「銅目貫」は「薄赤小輪なり」。

「金しや」は「大輪なり」。

「大紅」は「赤中輪蘂有朝日共云」。

「桜菊」は「中輪なり」。

「参河咲分」は「薄紫と黄と中輪」。

「やうきひ」は「中輪なり」。


「すわう」は説明の記載なし。

「天龍寺」は「うすむら大りん」。

「南禅寺」は「むらさき中りんより小ふりもり上ケ」。

「なんば」は説明の記載なし。

「ぬれさぎ」は「白少色有大りん」。

「はちす」は「うすむらさきやぐら小りん」。

「ひろ嶋」は「白小色有小りん」。

「伏見常盤」は「うす紫小りん花のうらしろしりのやう見ゆる」。

「丸はし」は説明の記載なし。

「三井寺」は「くれないに黄色のさきわけ中りん」。

「むるひ」は説明の記載なし。

「銅めぬき」は「あかし小りん」。

「金砂」は「黄大りんニしん有」。

「大くれない」は「なるほとくれない中りん」。

「桜菊」は「さくらの様也かさねよし中りん」。

「三川咲分」は「黄色と白とのさきわけ大りん」。

「やうきひ」は「白小色有小りん」。


以上から、『花壇綱目』と『花壇地錦抄』の説明には、多少の違いが目につく。また、説明のない品名は判断できないので除く。菊珍花異名を同じ植物と判断するには、説明が簡単すぎるものの、花の色と大きさから判断する。「金目貫」「ぎんめぬき」「小紫」「天りう寺」「濡鷺」「三井寺」「銅目貫」「金しや」「桜菊」の9品は、同じ植物である可能性が高いと推測できる。

この結果から名称が似ているからといって、同一植物だと判断すると誤る可能性がある。ただ、花の色や形状は主観が入ることから、ただちに違うと判断できないことも考慮しなければならない。

天和元年（1681）に刊行された『花壇綱目』と元禄八年（1695）に刊行された『花壇地錦抄』の間、元禄四年（1691）に刊行された『茶之湯三傳集』「花の巻」に菊の品名が47品記されている。

その品名は、品名だけしか記されていないが「夏菊」として「すいやうひ・陽香《やうかう》金山・きぎよく・野郎《やらう》・小紫・白一文字・薄色・一文字・大紫・朔日・大黄・銀臺・ひかうが・ひてりこ・もも色・九重・七重・金目貫・銀目貫・金臺・南禅寺・きより」と22品ほどあげられている。

「秋菊」として、「猩々・六代・ぬれ鷺・ほととぎす・大黄・大咲分・小咲分・實盛《さねもり》・ミだれ・大白・このミ紫・紅きく・小勺持・なめし・小白天目・ひからがい・大より・天竜寺・かもふ・しうきく・わつは」と21品ほどあげられている。「花の巻」の名称には同一の品名が再度あげられている。

そこで品名の説明を検討したが、説明のない品名があったり、判断のつかない品名があり、異なるとしてそれらを品数に加えている。これらの品名で『花壇綱目』の品名と類似するのは、「小紫・大紫・きより・金目貫・銀目貫・實盛・猩々・すいやうひ・大黄・天龍寺・南禅寺・ぬれ鷺・楊貴妃」の13品ある。また、250品記された『花壇地錦抄』と類似するのは、11品しかない。

椿弥花異名の事

「椿弥花異名の事」には、66品のツバキが記されている。その中に『牧野新日本植物圖鑑』に掲載されたものとして以下がある。

「椿」は、ツバキ（ツバキ科）。種名とともに総称名。

「藪椿」は、ヤブツバキ（ツバキ科）。

なお、『花壇綱目』に記されたツバキの品名は、『花壇地錦抄』にも記されている。そこで、『花壇地錦抄』の品名と対照させると、同じと推測できる品名が5品ある。それは、「いだてん・むら雨・松かせ・人丸・妙義院」である。

これらが同じ植物かどうかを検討するため、品名の説明を比べる。

『花壇綱目』の記述

「いだてん」は「白き八重也 早咲」。

「むら雨」は「白き八重赤飛入」。

『花壇地錦抄』の記述

「いだてん」は「白花三重花丸ク中少けし九月時分より咲大りん」。

「村雨」は「うす色八重赤かすり花のまわりにこまかなるさいをもりあげ中りん」。

「松かせ」は「しほりの大輪なり」。　「松かさ」は「赤八重大りん花形よし」。
「人丸」は「白の八重大輪なり」。　「人丸」は「白せんやう大りん」。
「妙義院」は「赤き千重白き飛入」。　「ミやうきいん」は「赤せんやう大りん白ほし有」。

以上の5品は、同じ植物である可能性が高いと推測できる。『花壇地錦抄』には、20 5品も記されていたのに、同一だと判断できる品が『花壇綱目』に3％もない。

梅弥花異名の事

「梅弥花異名の事」には、53品のウメが記されている。その中に『牧野新日本植物圖鑑』に掲載されたものとして以下の4品がある。

「梅」は、ウメ（バラ科）。ウメは『牧野新日本植物圖鑑』に種名として記されているが、総称名でもある。

「小梅」は、コウメ（バラ科）。

「ゆすら梅」は、ユスラウメ（バラ科）。

「豊後梅」は、ブンゴウメ（バラ科）。

『花壇綱目』に記されたウメの品名は、『花壇地錦抄』にも48品記されている。そこで、『花壇地錦抄』の品名と対照させると、同じかどうか検討する必要がある品名は30品ある。

『花壇綱目』の記述

「うす色」は「中輪なり」。

「黄梅」は「壱重早咲也」。

「加賀紅梅」は「八重の中輪」。

「からむめ」は「大輪なり」。

「一重の紅梅」は「梅の内にくの中輪」。

「咲分の紅白」は「八重壱重中輪大輪有」。

「讃岐紅梅」は「一重の中輪」。

「したれ梅」は「中輪なり」。

「すわう梅」は「中輪なり」。


「とび梅」は「赤の中輪なり」。


「とらの尾」は「中輪なり」。

「南京梅」は「黄の中輪匂ひ高し」。

「南禅寺」は「紅中輪也」。

「軒端梅」は「中輪なり」。

「一重の白梅」は「梅の内にくの中輪」。

「ひばい」は「中輪なり」。

「豊後梅」は「白の一重中輪也」。

「未開紅」は「中輪なり」。

「みかいかう」は「中輪大輪あり」。

「楊貴妃」は「薄色小輪なり」。

「八重の紅梅」は「色のこひうす中輪大輪有」

「ゆすら梅」は「小輪なり」。

『花壇地錦抄』の記述

「うす紅梅」は説明の記載なし。

「黄梅」は「わうばいとハ各別」。

「かが紅梅」は説明の記載なし。

「からむめ」は説明の記載なし。

「紅梅」は「つねのひとへ赤」。

「さきわけ」は説明の記載なし。

「さぬき」は説明の記載なし。

「しだれ梅」は「白八重ひとへ有ハよくしだれし」。

「蘇枋梅」は「小りんひとへ七葉八葉に花さく枝を切ハすわうのごとく切口あかし」。

「飛梅」は「紅梅ひとへ中りん是又菅丞相太宰府へ流れさせ給ふ時…」。「つくし紅粉」は「とひむめの事か」。

「とらの尾」は説明の記載なし。

「なんきん梅」は説明の記載なし。

「なんせん寺紅梅」は説明の記載なし。

「のきば」は説明の記載なし。

「白梅」は「つねのひとへ梅也」。

「緋梅」は説明の記載なし。

「ぶんご」は「うす紅八重大りん花よく咲ゆへ…」。

「未開紅」は「いまだひらかさるときくれないにて後ハ色うすくなる八重大りん」。

「やうきひ」は説明の記載なし。

「八重紅梅」は説明の記載なし。

「櫻桃」は「花白小りん小梅のごとく成赤キ實之梅と

「花座論」は「八重のうす色中輪」。

「實座論」は「八重のうす白色中輪」。

「小梅」は「白の中輪也」。

「浅黄梅」は「中輪なり」。

「大梅」は「黄の大輪也」。

「天りう寺」は「八重の紅梅なり」。

「難波梅」は「うす色の中輪大輪あり」。

「八重の白梅」は「中輪大輪あり」。


もいわれず桃にあらず櫻にも異有リ」。

「座論」は「白七八葉ニさく花ざろんといふ實座論といふハ梅ならいて成る」。

「小梅」は説明の記載なし。

「浅黄」は説明の記載なし。

「大梅」は「うす紅ばいなるほど大りん八重なり梅大クしてあんずのごとく」。

「天竜寺」は説明の記載なし。

「難波」は「白八重ひとへ中りんなにハづにさくや此花冬ごもりのたねにや」。

「八重白梅」は「しろし」。


以上から、『花壇綱目』と『花壇地錦抄』の品名から同じ植物と推測できるのは、「難波梅」「八重の白梅」「したれ梅」「とび梅」「一重の紅梅」「一重の白梅」「みかいかう」「ゆすら梅」「花座論」「實座論」の10品である。

ただ、説明がなく同じと判断できないが、「うす色」「加賀紅梅」「からむめ」「咲分の紅白」「讃岐紅梅」「とらの尾」「南京梅」「南禅寺」「軒端梅」「ひばい」「楊貴妃」「八重の紅梅」「小梅」「浅黄梅」「天りう寺」の15品は、同じ品である可能性がある。

なお、『花壇綱目』には「未開紅」と「みかいかう」があり、『花壇地錦抄』の「未開紅」の記述に近い「みかいかう」を選んでいる。『花壇地錦抄』の「座論」に、『花壇綱目』の「花座論」「實座論」が記されている。

ウメについては、『花壇綱目』の半分くらいが『花壇地錦抄』に同じ品が記されている。刊行時期が大きく違わないことから当然であろうと思われる。逆に、ツバキやキクなどに、なぜ同じ品名が少ないのか不思議である。

桃弥花異名の事

「桃弥花異名の事」には、8品のモモが記されている。その中に『牧野新日本植物圖鑑』に掲載された植物名はない。

また、『花壇地錦抄』のモモ21品と同じ品は、「したれ桃」の1品だけである。

桜弥花異名の事

「桜弥花異名の事」には、40品のサクラが記されている。その中に『牧野新日本植物圖鑑』に掲載された植物名は、以下の5品がある。

「桜」は、サクラ（バラ科）・総称名。種名としては記されていない。

「山さくら」は、ヤマザクラ（バラ科）。

「ひがん桜」は、ヒガンザクラ（バラ科）。

「いと桜」は、シダレザクラ（バラ科）。

「うば桜」は、ウバヒガン（バラ科）？

「南殿」は、ナデン（バラ科）。

『花壇綱目』に記されたサクラの品名は、『花壇地錦抄』にも46品記されている。そこで、『花壇地錦抄』の品名と対照させると、同じと思われる品名は25品ある。

『花壇綱目』の記述

「あり明」は「小輪中輪あり」。

「いと桜」は「中輪なり」。

「うす色」は「壱重の中輪なり」。

「うば桜」は「中輪大輪あり」。

「きりか八」は「白八重壱重大りん也」。

「きりん桜」は「中輪大輪あり」。

「熊かへ」は「中りんなり」。

「こんわう」は「中輪なり」。


「猩々」は「小輪中輪あり」。

「ちもと」は「小輪なり」。

「南殿」は「薄赤色有中輪也」。

「はちす」は「中輪なり」。

「ひがん桜」は「うす色白中輪なり」。

「ひ桜」は「中輪大輪有」。

「正宗」は「中輪なり」。

『花壇地錦抄』の記述

「ありあけ」は説明の記載なし。

「いとさくら」は説明の記載なし。

「うすいろ」は説明の記載なし。

「うば櫻」は「色有八重大りん也落花迄葉なし」。

「きりがやつ」は「八重ひとへ有大りんさがる」。

「きりん」は説明の記載なし。

「くまかへ」は説明の記載なし。

「こんわう櫻」は「渋谷金王丸が植シ櫻の種か色ハ白一重大りん」。

「しやうしやう」は説明の記載なし。

「ちもと」は「色有せんやう小りん」。

「なでん」は「うすむらさき八重くくりてさかる」。

「はちす」は説明の記載なし。

「ひかん」は「うす赤色ひとへ小りん二月時正の時分花咲秋のひかん二も自然に花咲事有」。

「ひざくら」は説明の記載なし。

「まさむね」は説明の記載なし。

「よし野」は「中輪八重壱重」。

「わしの尾」は「中輪なり」。

「衛門桜」は「八重の大輪也」。

「塩かま」は「中輪なり」。

「虎の尾」は「中輪大輪有」。

「糸くゝり」は「中輪なり」。

「浅黄桜」は「中輪なり」。

「奈良桜」は「八重壱重中輪」。

「普賢像」は「中りんなり」。

「楊貴妃」は「中輪なり」。


「吉野」は「中りんひとへ山桜とも…」。

「わしの尾」は「よほど色あり大りんくくりてさかる」。

「右衛門櫻」は「少色有しべ長ク少さがる」。

「しほがま」は「色ありせんやう大りん成ほとくくりてさかる」。

「とらの尾」は「色あり大りんくくり長クさがる」。

「いとくり」は説明の記載なし。

「浅黄」は「水あさぎ色八重とひとへあり」。

「なら櫻」は「いにしへのならの八重さくらか」。

「ふげんざう」は「色有八重花中より葉一数つつ出ルよし」。

「楊貴妃」は「うるわしき色あり大りん八重よほとさがる」。


以上で説明の記載がない品は、『花壇地錦抄』に9品ある。残りの16品について調べると、花の大きさが違う品は8品あるものの、主観によって評価が異なったと推測すれば16品とも同じ植物と判断できる。40品中25品が同じとすれば半数以上であり、かなり共通していると言える。

躑躅異名の事

「躑躅異名の事」には、147品のツツジが記されている。その中に『牧野新日本植物圖鑑』に掲載されたものとして以下がある。

「やしほ」は、ムラサキヤシオツツジ（ツツジ科）。

「○○うんせん」など、「うんせん」の文字がつく植物名が数多く記されている。それらは、ウンゼンツツジ（ツツジ科）の園芸品種と推測される。

「○○切嶋」など、「切嶋」の文字がつく植物名が数多く記されている。それらは、キリシマ（ツツジ科）の園芸種と推測される。

『花壇綱目』に記されたツツジの品名は、『花壇地錦抄』に１６７品記されている。そこで、『花壇地錦抄』の品名と対照させると、類似した品名は42品ある。なお、『花壇綱目』に詳細な説明がないことから、同じものとの断定は控える。

『花壇綱目』	『花壇地錦抄』	『花壇綱目』	『花壇地錦抄』
明ほの	あけぼの	そし段	そしだん
雨か下	あめが下	たつ田	たつた
あわ雪	あわゆき	常盤紫	ときわ紫
薄うんせん	うすうんせん	ともへうんせん	ともえうんせん
おそらく	おそらく	はつ雪	はつゆき
かいたん	かいだん	め切嶋	めきり嶋
かうはい	かうばい	楊貴妃	やうきひ
かこ嶋	かごしま	八重の切嶋	八重きり嶋
かも紫	かもむらさき	やしほ	やしお
きりん	きりん	花車	花車
くちへに	くちべに	金して	金しで

くも井	雲井
こけん万よ	こげん万葉
小式部	こしきぶ
さつまうんせん	さつまうんせん
しこん	しこん
霜降段	しもふりだん
しやくま	しやぐま
しやむろ	しやむろ
白四季	白四季
せいかひは	せいかいは
金たい	金だい
銀たい	銀たい
三吉野	三吉野
紫切嶋	紫きり嶋
紫しほり	紫しぼり
紫丁子	紫丁子
大切嶋	大きり嶋
藤切嶋	藤きり嶋
白切嶋	白きり嶋
八はし	八はし

霧島の図（『錦繡枕』より）

さらに、『花壇綱目』には皐月（サツキ）という項目はない。『花壇地錦抄』より前に刊行された伊藤伊兵衛の『錦繡枕《きんしゅうまくら》』には、ツツジ175種、サツキ162種が記されている。ただし、『花壇綱目』にもサツキと思われる品が9品出ていて、「あらし山、おそらく、小くれない、せいはく、羽ごろも、ふたおもて、巻ぎぬ、八重しで、らかん」が、それである。

花壇綱目　植物集覧

四季の植物集覧にあたって

巻上・巻中に記された植物を一覧表にする。また、その植物に対応すると思われる植物の性状や特性などを併記する。項目は、『花壇綱目』の表記名（植物名）・花色・花形・花期・養土（土質）・肥（料）・分植時期・性状・草丈・乾湿・日照・地域、について示す。

●表記名（植物名）　以下の記述は、『牧野新日本植物圖鑑』に基本的に従う。

●花色　基本的な色を示すが、園芸品種化され花色が増えているものもある。

●花形　『花壇綱目』と現代でも変わらないものは再度記さない。

●花期　『花壇綱目』では旧暦。現代の区分は、次のとおり。

早春「2月～3月中」
春「3月中～5月中」
初夏「5月中～6月」
夏「7月～8月」
秋「9月～10月」
冬「11月～1月」

時期が確定できないものは「無時」と表記する。

●養土（土質）は、巻下に示された記載に従い、「真」は「真土《まつち》」に対応する。「砂」は「砂真土《すなまつち》」、「野」は「野土《のつち》」、「赤」は「赤土《あかつち》」、「肥」は「肥《こえ》土《つち》」、「沙」は「沙」、「田」は「田土《たつち》」、「合」は「合《あわせ》土《つち》」とする。

これらに対し、現代の記述では、物理的な植栽土壌分類（砂土《さど》・砂壌土《さじょうど》・壌土・埴壌土《しょくじょうど》・埴土）で示す。

●肥（料）は巻下に示された記載に従い、「馬糞」、「下肥《けごへ》」、「田作《たつくり》」、「溝水《みそみつ》」、「魚洗汁《うおあらいしる》」、「荏油《ゑのあふら》」、「茶糟《かす》」、「小便《せうへん》」、「馬便《ばへん》」、「猫鼠類《ねこねすみのるひ》」、「油大器《かわらけ》」、「茶殻」、「業」は「業灰」とする。また、記載は、その主なものを記す。

以上の分類は、現代の肥料としては問題がある。また、その効果にも疑問がある。この書に記された植物は、積極的に施肥をする必要がないものが多い。そこで、肥料を必要とする植物には施肥「堆《たい》肥《へ》」を、肥料の必要がない植物には「不用」、やや必要な植物には「腐葉土」と記す。

なお、表の肥（料）、分植時期などの項目に記した＊印の「別記」は本文を参照していただきたい。

●分植時期は、植栽・移植、株分け、播種の時期を示す。『花壇綱目』の時期は旧暦である。

●性状は、植物の性状を「多年草」「多年草蔓」「一年草」「一年草蔓」「二年草」「落葉低木」「落葉中木」「常緑低木」の8区分にした。

●草丈は、植物の高さで、単位はmで示す。

●乾湿は、植物がどのような水分条件に適しているかを示す。乾燥地で生育可能なものは「耐乾」、過湿地に耐えるものは「耐湿」、乾燥にも過湿にも耐えるものは「耐乾湿」とする。次いで、「やや乾」「やや湿」、「適潤」。湿地を好む植物は「水湿」。湿地や水中に生育する植物は「水中」と記す。

●日照は、植物の適性に対応し、一日直射日光を受けても枯れない植物に「陽」、半日程度の直射日光が必要な植物に「半陽」、午前中3〜4時間で夏季は木陰が望ましい植物に「半陰」、2時間以下の日照でも生育する植物には「陰」と記す。

●地域は、生育可能な地域を示す。「北」は北海道。「東」は東北地方。「関」は関東地方〜関西・中国地方まで。「九」は四国九州地方。「沖」は沖縄地方を示す。

次頁以降に四季の植物の一覧表が入る。

●春草の類

表記名 植物名	花色 花色	花形等	花期・旧暦 花期・現代	養土 土質	肥（料） 養分	分植時期・旧暦 植栽時期・現代	性状	草丈m	乾湿	日照	地域	備考
福寿草 フクジュソウ	黄 黄・白	小輪	正月初 早春	肥・砂 埴壌土	茶殻 腐葉土	2—3、8—9 早春・秋	多年草	～0.3	やや湿	半陰	北～関	
すみれ スミレ	紫・薄紫 紫～白	小輪	二月頃 春	肥・野 壌土	茶殻 不用	2—3、8—9 早春・秋	多年草	～0.2	やや乾	陽	北～沖	総称名
りんとう ハルリンドウ	瑠璃 濃青紫	小輪	二月頃 春	野・赤 壌土	魚洗汁 腐葉土	2—3、8—9 春・秋	二年草	0.3～0.5	やや乾	陽	北～沖	
けまん ケマンソウ?	薄色 薄紅・白	小輪	二月頃 春	野・赤 砂壌土	茶殻 腐葉土	春・秋 春・秋	多年草	0.2～0.5	適潤	半陽	東～九	
鼓子花 タンポポ	黄・白 黄・白	小輪	二月頃 春	野・肥 質不問	茶殻 不用	春 春	多年草	0.1～0.3	適潤	半陽	東～九	
黄梅 オウバイ	黄 黄	小輪	二月頃 早春	真・砂 壌土	小便 不用	8—9 秋	落葉低木	0.5～1.5	耐乾湿	陽	東～沖	
櫻草 サクラソウ	薄・白・黄 赤紫	小輪	三月 春	肥・砂 壌土	茶殻 腐葉土	春・秋 春・秋	多年草	～0.3	やや湿	半陰	東～九	
保童花 クリンソウ	丹・白・薄 白・桃・紫		三月 初夏	肥・砂 砂壌土	茶殻	8—9 秋	多年草	0.2～0.5	水湿	半陰	北～関	
ゑびね エビネ	白薄・柿 白・黄・紫		三月 春	赤 壌土	魚洗汁 腐葉土	春・秋 春・秋	多年草	0.1～0.3	やや湿	半陰	東～沖	
南京ゑびね 不明	黄・白		三月	赤	茶殻	春・秋						
金銀風花 キンポウゲ	黄・白 黄・白	八重一重	三月 春夏	肥・砂 質不問	茶殻 不用	春・秋 春・秋	多年草	0.3～0.5	やや湿	陽	北～沖	
春蘭 シュンラン	白・赤 黄緑		三月 早春	赤・砂 壌土	＊別記 不用	8—9 秋	多年草	0.2～0.5	適潤	半陰	東～沖	
はれん ネジアヤメ	紫 薄紫		三月 初夏	野・肥 埴壌土	茶殻 堆肥	春・秋 春・秋	多年草	0.3～0.5	耐乾湿	半陽	北～九	
一八草 イチハツ	白・紫 白・紫	二重	三月 初夏	野・肥 質不問	茶殻 堆肥	春・秋 春・秋	多年草	0.3～0.5	耐乾湿	陽	北～九	
菖蒲草 アヤメ	薄・白紫・浅 白・紫		三月 初夏	赤・野 質不問	茶殻 堆肥	春・秋 春・秋	多年草	0.3～0.5	耐乾湿	陽	北～九	
あらせいとう アラセイトウ	濃紫 赤紫		三月 初夏	合 壌土	魚洗汁 腐葉土	春・秋 春・秋	多年草	0.2～0.5	適潤	陽	関～沖	
杜若 カキツバタ	紺浅白薄 白・紫		三月 初夏	田 砂壌土	塵 堆肥	春・秋 春・秋	多年草	0.3～0.5	水湿	半陽	北～九	

牡丹之類 ボタン	白赤薄白赤 白・赤・黄		三月 春	赤・砂 砂壌土	＊別記 堆肥	9—10 秋	落葉低木	0.5〜1.5	適潤	陽	東〜九	
会津百合 不明	薄・白		三月	赤・砂	茶殻	9—10						
升广 ショウマ	白 白		三月 夏秋	肥・砂 壌土	魚洗汁 不用	9—10 春・秋	多年草	0.5〜1.0	適潤	半陰	東〜九	総称名
九葉草 クガイソウ	紫 紫		三月 夏	肥・砂 砂壌土	魚洗汁 不用	2—3 早春	多年草	0.3〜1.0	適潤	半陰	東〜関	
児花 オキナグサ	紫 紫		三月 春	野 砂壌土	魚洗汁 不用	2—3 春・秋	多年草	0.1〜0.3	やや乾	半陽	東〜九	
丸子百合 不明	白		三月	赤・砂	茶殻	春・秋						
こく百合 クロユリ	黒紅 暗紫		三月 春	合 砂壌土	茶殻 腐葉土	2—3 早春	多年草	0.2〜0.5	適潤	半陽	北〜東	
仙臺萩 センダイハギ	黄 黄		三月 春	野・肥 砂壌土	小便 不用	春・秋 早春	多年草	0.5〜1.0	やや乾	陽	北〜九	
白犬萩 イヌハギ	白 白		三月 夏	野・肥 砂壌土	小便 不用	春・秋 早春	多年草	0.5〜1.0	やや乾	陽	東〜九	
黄蘭 キンラン	黄 黄		三月 春	赤・砂 埴壌土	＊別記 不用	8—9 秋	多年草	0.2〜0.5	適潤	半陰	東〜九	
大蘭 スルガラン	黄 黄緑		三月 夏秋	赤砂 壌土	埴＊別記 腐葉土	8—9 秋	多年草	0.3〜0.5	適潤	半陰	東〜九	
山吹草 ヤマブキソウ	黄・白 黄		三月 春	肥・真 壌土	魚洗汁 不用	2—3 早春	多年草	0.2〜0.5	適潤	半陰	東〜九	
風車 カザグルマ	浅黄・白 薄紫おびた白		三月 初夏	合 壌土	魚洗汁 堆肥	春・秋 春・秋	多年草蔓	0.5〜1.5	適潤	半陽	東〜沖	
草牡丹 クサボタン	白 薄紫		三月 夏	赤・砂 質不問	油 不用	春・秋 秋	落葉低木	0.5〜1.0	適潤	半陰	東〜九	
すしやが シャガ変種	白 ふじ		三月 初夏	合 壌土	魚洗汁 不用	春・秋 春・秋	多年草	0.3〜0.5		半陰	東〜沖	
山吹 ヤマブキ	黄・白 黄	八重一重	三月 春	真・砂 砂壌土	小便 不用	春・秋 春・秋	落葉低木	0.5〜1.5	やや湿	半陰	東〜関	
小手鞠 コデマリ	白 白		三月 初夏	真・砂 壌土	小便 不用	春・秋 春・秋	落葉低木	0.5〜1.5	適潤	半陰	北〜九	
庭桜 ニワザクラ	白・薄 淡桃	八重一重	三月 早春	真・砂 埴壌土	小便 不用	春・秋 春・秋	落葉中木	3〜5	やや乾	陽	北〜九	

●夏草の類

表記名 植物名	花色 花色	花形等	花期・旧暦 花期・現代	養土 土質	肥（料） 養分	分植時期・旧暦 植栽時期・現代	性状	草丈m	乾湿	日照	地域	備考
紫蘭 シラン	紫 赤紫		四月 初夏	赤・砂 質不問	＊別記 不用	8—9 秋	多年草	0.3〜0.5	耐乾湿	半陽	東〜沖	
琉球百合 テッポウユリ	赤 白		四月 初夏	赤肥 砂壌土	魚洗汁 不用	8—9 秋	多年草	0.5〜1.0	適潤	陽	東〜沖	
木瓜草 クサボケ	紫 紅・白・緋等		四月 早春	合 質不問	魚洗汁 不用	8—9 秋	落葉低木	0.3〜1.0	適潤	陽	北〜九	
日光萱 ゼンテイカ	黄 黄		四月 初夏	合 埴壌土	魚洗汁 不用	8—9 秋	多年草	0.5〜0.7	適潤	陽	北〜九	
芍薬 シャクヤク	白・赤・薄等 白・桃・赤		四月 春夏	砂・真 壌土	荏油 堆肥	4—5 秋	多年草	0.3〜0.7	やや湿	陽	北〜九	
麒麟草 ラショウモンカズラ	瑠璃 瑠璃		四月 初夏	合 砂壌土	茶殻 不用	無時 無時	多年草	0.2〜0.5	適潤	半陽	北〜九	
のこ切草 ノコギリソウ	白 白・桃・赤		四月 夏秋	合 砂壌土	茶殻 不用	2—3 春	多年草	0.5〜1.0	適潤	陽	北〜沖	
下野草 シモツケ	薄白・薄赤 桃		四月 春	肥 質不問	茶殻 不用	8 秋	落葉低木	0.5〜1.0	やや乾	陽	北〜九	
草下野 シモツケソウ	薄 淡紅		四月 夏	合 壌土	茶殻 不用	春・秋 春・秋	多年草	0.5〜1.0	やや湿	半陽	北〜九	
白けい シラン変種？	白		四月	合	小便	無時						
薄けい シラン変種？	薄赤		四月	合	小便	無時						
鷺宿 サギソウ	白 白		四月 夏	合 埴壌土	馬糞 不用	4 秋	多年草	0.2〜0.4	やや湿	半陽	関〜九	
つれ鷺 ツレサギソウ	白 白		四月 初夏	肥・砂 埴壌土	茶殻 不用	春 春	多年草	0.3〜0.5	適潤	半陰	東〜九	
山芍薬 ヤマシャクヤク	白・薄 白		四月 春	砂真・肥 埴壌土	荏油 腐葉土	2—4 春	多年草	0.2〜0.5	適潤	半陰	東〜九	
から松草 カラマツソウ	白 白		四月 夏	合 壌土	溝水 不用	春 春	多年草	0.5〜1.0	適潤	陽	北〜九	
から百合 ヒメユリ変種？	紅		四月	赤・砂	茶殻	春・秋	多年草					
せいらん ムシャリンドウ	瑠璃 紫		四月 夏	赤・砂 砂壌土	茶殻 不用	春・秋 春・秋	多年草	0.2〜0.5	適潤	半陰	北〜関	

花壇綱目 植物集覧

あぢさへ アジサイ	浅黄・白赤 桃、青、紫		四月 夏	真・肥・砂 砂壌土	小便 不用	春・秋 春・秋	落葉低木		やや湿	半陰	東〜沖	
布袋草 不明	薄		四月	合	魚洗汁	4						
敦盛草 アツモリソウ	薄・白 白・紫斑		四月 春	合 壌土	魚洗汁 不用	初夏	多年草	0.3〜0.5	適潤	半陰	北〜関	
金銀花 スイカズラ	白・後黄変 白・後黄変		四月 初夏	合 質不問	馬糞 不用	春 春	多年草蔓	2〜4	やや湿	陽	東〜沖	
丁子草 チョウジソウ	浅黄 青紫		四月 初夏	合 質不問	茶殻 不用	春・秋 春・秋	多年草	0.3〜0.7	適潤	半陽	北〜九	
美人草 ヒナゲシ	白桃・赤等	万千八重	四月 春	合 砂壌土	魚洗汁 不用	春蒔 春	一年草	0.2〜1.0	適潤	陽	東〜沖	
一輪草 イチリンソウ	白 白		四月 春	合 壌土	魚洗汁 不用	春 春	多年草	0.2〜0.3	適潤	半陰	東〜関	
近江あちさへ 不明	浅黄・白赤		四月	真・肥・砂	小便	春・秋						
大蘭 スルガラン？	白		四月	赤・砂	＊別記	8—9	多年草	0.3〜0.5	耐寒	陽	東〜九	
釣鐘草 ホタルブクロ	白・青 淡紅紫		四月 初夏	合 質不問	魚洗汁 不用	春 春	多年草	0.3〜0.7	適潤	半陰	北〜九	
おかこうほね リュウキンカ	鬱金 黄		四月 春	合・田 埴壌土	魚洗汁	春 春	多年草	0.2〜0.5	水中	陽	東〜関	
そとの濱すかし百合 ソトガハマユリ	黄・朽葉 橙		夏	合	茶殻	春 春	多年草		適潤	半陽	東〜九	
桜撫子 不明	薄		四五月	肥・砂	茶殻	春蒔						
濱撫子 フジナデシコ	薄・赤・白 紅紫		四五月 夏秋	肥・砂 砂壌土	茶殻 不用	春 春	多年草	0.3〜0.5	やや乾	半陽	東〜沖	
鬼神草 ユキノシタ	白 白		四五月 春夏	合 壌土	茶殻 不用	無時 無時	多年草	0.2〜0.4	やや湿	半陰	北〜沖	
肥後臺 ヒゴタイ	浅黄・紫 紫		四五月 夏	合 埴壌土	茶殻 不用	春 春	多年草	0.5〜1.5	適潤	陽	関〜九	
松本せんのふけ マツモトセンノウ	紅 深紅		四五月 夏	肥・砂 壌土	茶殻 腐葉土	春 春	多年草	0.3〜0.5	適潤	半陰	東〜九	
花菖蒲 ハナショウブ	白紫浅黄 白・赤・紫	しほり	五月 初夏	合 砂壌土	溝水 堆肥	春・秋 春・秋	多年草	0.3〜1.0	水湿	陽	北〜九	
せんよ花菖蒲 ハナショウブ変種？	濃紫		五月	合	溝水	春・秋						

白せんよ花菖蒲 ハナショウブ変種？	白		五月	合	溝水	春・秋						
広葉杜若 カキツバタ変種？	紫		五月	田・合	塵埃	春・秋						
くるま百合 クルマユリ	鬱金 橙		五月 夏	赤・砂 壌土	茶殻 腐葉土	2—5 春	多年草	0.3〜0.7	適潤	半陽	東〜関	
連玉草 レダマ	黄 黄		五月 夏	赤 質不問	茶殻 不用	春・秋 春・秋	多年草	1〜3				
つは ツワブキ	黄 黄		五月 冬	赤 壌土	茶殻 不用	春・秋 春・秋	多年草	0.2〜0.5	やや湿	半陰	関〜沖	
姫百合 ヒメユリ	赤・白 橙		五月 夏	赤 埴壌土	茶殻 不用	春・秋 春・秋	多年草	0.3〜0.7	適潤	半陽	東〜九	
はかた百合 ハカタユリ？	白		五月	赤	茶殻	春・秋						
武嶌百合 タケシマユリ	朽葉 黄		五月 初夏	赤 砂壌土	茶殻 腐葉土	春・秋 春・秋	多年草	0.3〜0.7	適潤	半陰	東〜関	
すかし百合 スカシユリ	紅 橙		五月 夏	赤 壌土	茶殻 腐葉土	春・秋 春・秋	多年草	0.3〜0.7	適潤	半陽	東〜九	
南蛮百合 不明	紅		五月	赤	茶殻	春・秋						
ひ百合 ヒメユリ変種？	赤		五月	赤	茶殻	春・秋						
萱草 カンゾウ	朽葉 黄		五月 初夏	野・肥 埴壌土	魚洗汁 不用	春・秋 春・秋	多年草	0.5〜0.7	適潤	陽	東〜九	
姫萱草 ヒメカンゾウ	薄・朽葉 黄		五月 春	肥・野 壌土	魚洗汁 不用	春・秋 春・秋	多年草	0.3〜0.5	適潤	半陰	東〜九	
姥百合 ウバユリ	青 白		五月 夏	赤・砂 質不問	茶殻 不用	秋	多年草	0.5〜1.0	適潤	半陰	東〜九	
夏菊 キク	色々 白・黄・橙		五六月 秋	合 埴壌土	田作 堆肥	秋	多年草	0.3〜1.0	適潤	陽	東〜沖	
鉄仙花 テッセン	白中紫 白・紫		五月 夏	肥・砂 壌土	魚洗汁 不用	春・秋 春・秋	多年草蔓	1〜2	適潤	半陽	東〜沖	
阿蘭陀撫子 セキチク変種？	色々		五月 春夏	肥・砂 砂壌土	茶殻 堆肥	春・秋 春・秋	多年草	0.2〜0.5	適潤	陽	東〜九	
さんしこ ナツズイセン	紫 赤紫		五月 夏	合 質不問	茶殻 不用	秋 秋	多年草	0.3〜0.7	適潤	半陰	東〜関	
昼顔 ヒルガオ	白紫 淡紅		五六月 夏	真・肥・砂 質不問	小便 不用	春蒔 春	多年草蔓	1〜3	適潤	陽	北〜九	

高麗撫子 セキチク変種?	赤		五六月	肥・砂	茶殻	春						
あんしやべる カーネーション?	赤 白～赤・黄	万葉	五六月 春夏	肥・野 壌土	茶殻 堆肥	春 春	多年草	0.2～0.5	適潤	陽	東～九	
風車 カザグルマ	白 白		五六月 初夏	肥・野 壌土	小便 堆肥	春・秋 春・秋	多年草蔓	0.5～1.5	適潤	半陽	東～沖	
葵 タチアオイ	白～赤・黄	八千万葉	五月 初夏	合田 土	塵 堆肥	春・秋蒔 春・秋	二年草	1～2	適潤	陽	東～沖	
小葵 ゼニアオイ	淡紫	八千万葉	五月 夏	合田 土	塵 堆肥	春・秋蒔 春・秋	二年草	1～1.5	適潤	陽	東～沖	
おくらせんのふけ オグラセンノウ	赤 赤		六月 夏	肥・砂 壌土	茶殻 腐葉土	春 春	多年草	0.3～0.7	適潤	半陰	関～沖	
鬼百合 オニユリ	橙、紫点	赤星	六月 夏	赤・砂 壌土	茶殻 腐葉土	春・秋 春・秋	多年草	0.5～1.5	適潤	陽	北～沖	
鹿子百合 カノコユリ	白に赤はけ 白・薄紅	紫星	六月 夏	赤・砂 壌土	茶殻 腐葉土	春・秋 春・秋	多年草	0.5～1.0	適潤	半陽	関～九	
張良草 ハンカイソウ	薄・黄 黄		六月 夏	肥・野 埴壌土	小便 不用	春・秋 春・秋	多年草	0.5～1.0	適潤	半陰	関～九	
黄萱 ユウスゲ?	黄 橙		六月 夏	赤・肥 砂壌土	魚洗汁 不用	春・秋 春・秋	多年草	0.3～1.0	適潤	陽	東～九	
雪庭花 不明	黄		六月	合	魚洗汁	春・秋						
撫子 ナデシコ	薄 白・桃	八重一重	六月 夏秋	肥・砂 砂壌土	茶殻 不用	春・秋 春・秋	多年草	0.1～0.3	適潤	半陰	東～九	
木帽子 ギボウシ	薄 白・紫	大小	六月 春夏	肥・砂 壌土	小便 不用	春・秋 春・秋	多年草	0.2～0.5	やや湿	半陰	北～九	総称名
木香草 モッコウ?	黄 黄		六月	合	小便	春・秋						
澤泻 オモダカ	白 白	水草	六月 夏秋	田 壌土	塵 不用	初夏 5	多年草	0.2～0.5	水中	陽	東～沖	
河骨 コウホネ	黄 黄	水草	六月 夏	田 質不問	塵 不用	初夏 春	多年草	0.2～0.5	水中	陽	東～九	
午時花 ゴジカ	赤 赤		六月 夏秋	肥・砂 質不問	茶殻 不用	春蒔 春	一年草	0.5～1.5	適潤	陽	関～沖	
朝皃 アサガオ	浅黄白薄紫 白・赤・紫		六月 夏	肥・砂 質不問	茶殻 不用	春蒔 春	一年草蔓	1～3	やや湿	陽	北～沖	
がんひ ガンピ	赤・白 赤		六月 夏	合 壌土	小便 腐葉土	春・秋 春・秋	多年草	0.2～0.5	適潤	半陰	関～沖	

表記名 / 植物名	花色 / 花色	花形等	花期・旧暦 / 花期・現代	養土 / 土質	肥（料） / 養分	分植時期・旧暦 / 植栽時期・現代	性状	草丈m	乾湿	日照	地域	備考
松前百合 / 不明	こき紫		六月	赤・砂	茶殻	春・秋						
夏雪草 / キョウガノコ	白 / 赤紫		六月 / 夏	合 / 壌土	魚洗汁 / 不用	春 / 春	多年草	0.5〜1.5	やや湿	半陽	北〜九	
かうそ / 不明	黄・白		六八月	肥・砂	魚洗汁	春・秋						
山百合 / ヤマユリ	白に赤星 / 白		六月 / 夏	赤・砂 / 壌土	茶殻 / 腐葉土	春・秋 / 春・秋	多年草	1〜2	適潤	半陽	東〜九	
草美楊 / ビヨウヤナギ	黄 / 黄		六月 / 夏	合 / 質不問	魚洗汁 / 不用	春・秋 / 春・秋	常緑低木	0.5〜1.5	適潤	陽	北〜沖	
あふ坂 / セキチク変種？	白		六月	合	魚洗汁	春・秋						
三河菅 / 不明	黄		六月	赤・肥	魚洗汁	春・秋						

●秋草の類

表記名 / 植物名	花色 / 花色	花形等	花期・旧暦 / 花期・現代	養土 / 土質	肥（料） / 養分	分植時期・旧暦 / 植栽時期・現代	性状	草丈m	乾湿	日照	地域	備考
仙翁花 / センノウ	白・赤 / 赤		六七月 / 夏	合 / 埴壌土	小便 / 腐葉土	2—3、8—9 / 春・秋	多年草	0.2〜0.5	適潤	半陽	東〜九	
黒附子 / フシグロセンノウ	赤 / 橙		七月 / 夏	肥・砂 / 壌土	魚洗汁 / 腐葉土	春・秋 / 春・秋	多年草	0.3〜0.5	適潤	半陰	東〜九	
白附子 / フシグロセンノウ変種？	白		七月	肥・砂	魚洗汁	春・秋						
薄色附子 / フシグロセンノウ変種？	赤・薄		七月	肥・砂	魚洗汁	春・秋						
抜白附子 / フシグロセンノウ変種？	白		七月	肥・砂	魚洗汁	秋						
戻摺 / モジズリ	薄 / 桃紅		七月 / 春	合 / 質不問	茶殻 / 不用	秋 / 秋	多年草	0.1〜0.3	適潤	陽	北〜沖	
桔梗 / キキョウ	白浅黄濃紫 / 白、紫	八重一重	七月 / 夏	肥・砂 / 砂壌土	小便 / 堆肥	春・秋 / 春・秋	多年草	0.3〜0.7	適潤	半陽	北〜九	
仙臺桔梗 / キキョウ変種？	白・飛入		七月	肥・砂	小便	春・秋						
みされ萩 / ミヤギノハギ	紫・白飛入 / 赤紫		七月 / 秋	肥・砂 / 砂壌土	小便 / 不用	春 / 春	落葉低木	0.5〜1.5	やや乾	陽	東〜九	

秋海棠 シュウカイドウ	薄 桃		七月 秋	田・肥 壌土	塵 不用	4 春	多年草	0.2〜0.5	やや湿	半陰	北〜九	
鶏頭 ケイトウ	白赤朽葉等 白桃・赤黄	白飛入	八九月 夏秋	真・肥・砂 質不問	小便 堆肥	三月蒔 春	一年草	0.3〜1.0	適潤	陽	北〜沖	
白藊豆 フジマメ変種？	白		七月	肥・砂	小便	春・秋						
黒藊豆 フジマメ変種？	紫		七月	肥・砂	小便	春・秋						
岩蓮華 イワレンゲ	白		七月 秋冬	肥 砂壌土	魚洗汁 不用	春・秋 春・秋	多年草	0.1〜0.3	やや乾	陽	関〜九	
蘭 ラン総称？	薄紫		七月	赤・砂	＊別記	8—9						
妙蘭 不明	白		七月	赤・砂	＊別記	8—9						
紺菊 コンギク	黄 薄紫		七月 秋	合 壌土	田作 不用	秋 秋	多年草	0.3〜0.7	適潤	陽	東〜九	
大鹿子百合 カノコユリ変種？	白・赤	大輪	七月	赤・砂	茶殻	春・秋						
蓮 ハス	赤・白 白・桃・赤		六七月 夏	田 質不問	塵 不用	春・秋 春・秋	多年草	0.3〜1.0	水中	陽	北〜沖	
あさみ アザミ	白・紫 赤・白		七月 春夏	肥・砂 質不問	小便 不用	秋 秋	多年草	0.5〜1.5	やや湿	陽	東〜沖	
郭公 ホトトギス	薄・紫飛入 白・黄・紫		七月 秋	合 壌土	魚洗汁 不用	秋	多年草	0.2〜0.5	耐乾湿	半陰	北〜九	
たんどくせん ダンドク	紅・白・薄 紅		七月 夏秋	赤・砂 壌土	茶殻 堆肥	春・秋 春・秋	多年草	0.5〜1.5	適潤	陽	関〜沖	
烏扇 ヒオウギ	赤・朽葉 緋		六七月 夏	肥・砂 質不問	茶殻 不用	春 春	多年草	0.3〜0.5	やや乾	陽	東〜九	
鳳仙花 ホウセンカ	色々 赤〜白・紫	飛入	七月 夏	肥・砂 質不問	小便 不用	二月蒔・秋 春蒔	一年草	0.3〜0.5	適潤	半陽	北〜沖	
淡雪 不明	白		八月	合	小便	7—8						
萩 ヤマハギ、ハギ総称名？	白・紫 赤紫		八月 秋	肥・砂 砂壌土	小便 不用	春蒔 春	落葉低木	0.5〜1.5	やや乾	陽	関〜九	
女郎花 オミナエシ	黄 黄		八月 秋	合 壌土	茶殻 不用	春 春	多年草	0.5〜1.5	適潤	陽	北〜九	
南楼 フジバカマ	白 淡紅紫		八月 夏秋	肥・砂 埴壌土	茶殻 不用	春 春	多年草	0.5〜1.0	適潤	半陽	東〜沖	

唐鶏頭 ケイトウ変種?	紅紫・朽葉等		八九月	真・肥・砂	小便	二月蒔・秋						
沢桔梗 サワギキョウ	瑠璃 白		八九月 秋	肥・砂 壌土	小便 不用	春・秋 春・秋	多年草	0.2〜0.5	水湿	半陰	北〜九	
鴈来草 不明	赤・黄	染分	八九月	真・肥・砂	小便	二月蒔・秋						
烏頭 トリカブト	瑠璃 紫		八九月 夏秋	肥・砂 砂壌土	魚洗汁 不用	無時 無時	多年草	0.3〜0.7	適潤	半陰	東〜九	
濱菊 ハマギク	白 白		八九月 秋	肥・砂・野 砂壌土	田作 不用	秋 秋	多年草	0.3〜0.7	適潤	陽	東〜沖	
野菊 キク類	浅黄 白・黄・橙		八九月 秋	肥・砂・野 埴壌土	田作 堆肥	春 春	多年草	0.3〜0.7	適潤	陽	東〜沖	
三七 サンシチソウ	薄 深黄		八九月 秋	肥・砂 壌土	小便 腐葉土	無時 無時	多年草	0.5〜1.0	適潤	陽	東〜九	
唐三七 サンシチソウ変種?	黄		八九月	肥・砂	小便	無時						
あをき草 不明	中白		八九月	合	魚洗汁	秋						
志をん シオン	赤・浅黄 紫		八九月 秋	合 砂壌土	魚洗汁 不用	春 春	多年草	1〜2	やや乾	陽	東〜沖	
と丶き草 ツリガネニンジン	中浅黄 ふじ		八九月 夏秋	埴壌土	魚洗汁 不用	春・秋 春・秋	多年草	0.5〜1.5	適潤	陽	北〜沖	
百部草 ヒャクブ	紫 淡緑		八九月 夏	肥・砂 埴壌土	茶殻 腐葉土	春 春	多年草	0.2〜0.5	適潤	半陰	東〜九	
秋明菊 シュウメイギク	紫 白・桃・紫		八九月 秋	肥・砂 砂壌土	茶殻 腐葉土	春 春	多年草	0.3〜0.7	やや湿	半陽	東〜沖	
水葵 ミズアオイ	白・薄 紫		八九月 夏秋	田 質不問	塵 不用	3 春	一年草	0.2〜0.5	水中	陽	関〜沖	
日向葵 ヒマワリ	白 黄	大輪	八九月 夏	田 埴壌土	塵 不用	春蒔 春	一年草	1〜2	適潤	陽	北〜九	
濱木綿 ハマオモト	白 白		八九月 夏秋	真・肥・砂 砂壌土	小便 不用	春・秋 春・秋	多年草	0.3〜0.7	やや乾	陽	東〜沖	
草南天 ナンテンハギ	紫 紫		八月 夏	肥・砂 質不問	魚洗汁 不用	春・秋 春・秋	多年草	0.3〜0.7	やや乾	陽	北〜九	
广香草 不明	薄		八月	合	魚洗汁	春・秋						
芙蓉 フヨウ	白・薄 淡紅	一重八重	八九月 夏秋	合 質不問	魚洗汁 不用	春・秋 春・秋	落葉低木	1〜2	適潤	陽	東〜九	

表記名 植物名	花色 花色	花形等	花期・旧暦 花期・現代	養土 土質	肥（料） 養分	分植時期・旧暦 植栽時期・現代	性状	草丈m	乾湿	日照	地域	備考
蘭菊 ダンギク	紫 紫		八月 夏	肥・砂 質不問	馬糞 不用	春・秋 春・秋	多年草	0.3～0.7	適潤	陽	東～九	
沢菊 サワギク	薄 黄		八月 夏	肥・砂 質不問	馬糞 不用	春・秋 春・秋	二年草	0.3～0.7	やや湿	半陰	北～九	
三葉丁子 センジュギク	黄 赤・黄		八月 春	合 壌土	魚洗汁 堆肥	春・秋 春・秋	一年草	0.3～0.7	やや乾	陽	北～沖	
澤蘭 サワラン	白 紫		八月 夏	赤・砂 壌土	＊別記 不用	8—9 秋	多年草	0.1～0.3	水湿	半陽	北～九	
篠りんとう ササリンドウ	白・赤・薄 紫		八月 秋	合 壌土	魚洗汁 腐葉土	春 春	多年草	0.3～0.5	適潤	陽	東～九	
菊 キク総称	様々 右同	飛入咲分	八月 秋	真・赤・肥 埴壌土	馬糞等 堆肥	2—3 春	多年草	0.2～1.0	適潤	陽	東～沖	総称名
芭蕉 バショウ	少黄 黄		八月 夏	真・肥・砂 砂壌土	小便 不用	秋 秋	多年草	2～4	やや湿	陽	関～沖	
白とりかぶと トリカブト白花？	白		七八月	合	魚洗汁	春・秋						
白小蘭 不明	白		八月	肥・砂	茶殻	春・秋						
瑠璃草 サワルリソウ	瑠璃 白、ふじ		八月 初夏	合 質不問	魚洗汁 腐葉土	春・秋 春・秋	多年草	0.2～0.5	適潤	半陽	北～九	

●冬草の類

表記名 植物名	花色 花色	花形等	花期・旧暦 花期・現代	養土 土質	肥（料） 養分	分植時期・旧暦 植栽時期・現代	性状	草丈m	乾湿	日照	地域	備考
常盤草 カンアオイ	白 褐紫		十月 晩秋	肥・砂 埴壌土	小便 不用	秋 秋	多年草	～0.1	適潤	陰	東～九	
寒菊 キク類	黄 白・黄・橙		霜月 秋	真・肥・砂 埴壌土	馬糞 堆肥	6 夏	多年草	0.3～0.7	適潤	陽	東～沖	総称名
水仙花 スイセン	白・中黄 白・黄		霜極月 冬春	真 質不問	業灰 堆肥	6 夏	多年草	0.2～0.5	適潤	陽	関～沖	
冬牡丹 カンボタン	薄白・赤 白・赤・黄		寒前後 春	赤・砂 砂壌土	下肥 堆肥	9—10 秋	落葉低木	0.3～0.7	適潤	陽	東～九	
寒百合 カタクリ	薄白 赤紫		冬～春 春	赤 壌土	馬糞 不用	春・秋 春・秋	多年草	～0.2	適潤	半陰	北～九	

●雑草の類

表記名 植物名	花色 花色	花形等	花期・旧暦 花期・現代	養土 土質	肥（料） 養分	分植時期・旧暦 植栽時期・現代	性状	草丈m	乾湿	日照	地域	備考
石竹 セキチク	白赤薄等 白・桃・赤	八重一重	初夏	砂 壌土	溝水 腐葉土	毎月蒔	多年草	0.2～0.5	適潤	半陽	関～沖	
金銭花 キンセンカ	黄 黄		夏	肥・砂 壌土	小便 腐葉土	2～毎月 春より	一年草	0.2～0.5	適潤	陽	東～沖	
高麗菊 不明	黄赤・縞白			真・肥・砂	馬糞	2～毎月						
紅黄草 コウオウソウ	こいかわなり 黄・橙		夏秋	合 質不問	魚洗汁 腐葉土	2～毎月 春より	一年草	0.1～0.5	適潤	陽	東～沖	
万日講 センニチコウ	紫 赤		夏秋	肥・砂 壌土	馬糞 腐葉土	無時 無時	一年草	0.2～0.5	適潤	陽	東～沖	
長春 コウシンバラ	赤・薄 赤桃・赤紫		通年	肥・砂 壌土	小便 堆肥	無時 冬	常緑低木	0.5～1.0	適潤	陽	関～九	

江戸時代初期の園芸書をめぐって

『花壇綱目』『花譜』『花壇地錦抄』を比較

『花壇綱目《かだんこうもく》』は、寛文四年（1664）に水野元勝《みずのもとかつ》によって著され、延宝九年（1681）に刊行された。著者、元勝についての経歴や人物像は不明である。推測できるのは、前記「花壇綱目序」に記された花への思いと、植物への優れた見識である。

『花譜』は、貝原益軒によって著され、元禄七年（1694）に刊行された。益軒は、寛文十二年（1672）に『校正本草綱目』を翻刻した。そのため、植物全般への見識は、水野元勝や、これから述べる伊藤伊兵衛《いとういへえ》より優っていた。また、文献による知識を確認するためか、自宅の敷地で花や野菜を栽培していた。『花譜』は、そのような益軒の経験をもとに記されたものである。

『花壇地錦抄《かだんじきんしょう》』は、伊藤伊兵衛によって著され元禄八年（1695）に刊行された。伊藤伊兵衛の名前は代々襲名しており、『花壇地錦抄』を著したのは三代目伊兵衛三之丞《さんのじょう》とされている。伊藤伊兵衛は、伊賀藤堂藩出入りの植木屋で霧島屋と呼ばれたように、ツツジを看板に江戸一の名声を博していた。元禄五年（1692）にツツジとサツキの解説書『錦繍枕《きんしゅうまくら》』を刊行している。その力量は、当時のガーデニング植物すべてについて及んでおり、その見識は最高レベルであったと言えよう。

三園芸書の構成

『花壇綱目』は上中下三巻

『花壇綱目』は、上中下三巻に記されている。巻上は春の部、夏の部。巻中は秋の部、冬の部、雑の部。巻下は諸草可養土の事、諸草可肥事、牡丹弥花異名の事、芍薬弥花異名の事、菊弥花異名の事、椿弥花異名の事、梅弥花異名の事、桃弥花異名の事、桜弥花異名の事、躑躅異名の事、牡丹植養の事、蘭植養の事となっている。

内容の構成は、春・夏・秋・冬・雑・牡丹・芍薬・菊・梅・桃・桜・躑躅と12分類して

『華壇綱目』(享保元年版)の図

いる。この分類法は、水野元勝のオリジナルであろう。

『本草綱目』の花材などの植物に関連しそうな区分の草部は、草部一山草類上31種・草部二山草類下39種・草部三芳草類下56種・草部四隰草類下52種・草之五隰草類下73種・草之六毒草類47種・草部七蔓草類73種附19種・草部八水草類22種・草部九石草類19種・草部十苔類一16種・草部十一雑草類9種等。穀部は一～四、菜部は一～五、果部は六類、木部六類となっている。『花壇綱目』は、この分類とは関係なく分けられており、独自の園芸技術書として成立している。

そもそも分類の発想として、四季の花々、草と木を分けるのは、『花譜』や『花壇地錦抄』に受け継がれたのであろうか。それとも、当時の社会に共通する認識であったのだろうか。

花伝書から見ると、『仙傅抄《せんでんしょう》』（1445年）にも「十二月の花の事」と四季の変化を捕らえる記述はあるものの、まだ花伝書の一部としての記述でしかない。それが『池坊専《いけのぼうせん》應口傳《おうくでん》』（1543年）になると、「十二月に可用也」次いで「五節句に用べき事」と季節ごとの植物の整理を行っている。花については、四季の変化に応じて論じるというスタイルが、十六世紀半ばには確立していたのだろう。

その後の花伝書は、『池坊専應口傳』を受け継ぎ、『替花傳秘書《かわりはなでんひしょ》』はさらに詳細な日にちにまで触れている。花伝書は当然のことながら、花を生けるための植物分類を行っており、『立華正道集』（1683年）では「いろは」順で目録をつくり、その中に植物分類を作成している。

また、『立花秘傳抄』（１６８８年）では「常磐木之部」「花之部」「實之部」「草之部」と花材となる植物を分けている。この分類も、園芸書ではなく花伝書としてであり、当時の花道を反映したものと考えられる。

『花譜』も上中下三巻

『花譜』は、上中下三巻に分けて記されている。上巻は総論。中巻は、正月から六月まで。下巻は七月から十二月までに加えて、「草」「木」という分類を行っている。各月の記述は、正月4種・二月11種・三月38種・四月16種（記載されている数を調べると15種しかない。また、「木」は4とあるが、白丁花・杜鵑花・佛桑花・下毛・卯花と5種である）・五月15種・六月17種・七月12種・八月6種・九月4種・十月4種・十一月3種・十二月2種を草花と樹木の花を分けず、計１３２種を記している。

続いて、「草」は34種、葉や実など花以外を観賞することが記されている。「木」は33種、葉や枝振りなど樹木として観賞する植物を記している。

『花譜』の特徴は、上巻の総論が充実していることである。興味ある記述に「考用書目」があり、その中には『本草綱目』をはじめ当時の参考書が列挙されている。

それは、『齋民要術・種果疏・山海經・瓶史・杜工部集・酉陽雑俎・閩書・救荒本草・潜確類書・種樹書・花史・爾雅・居家必用・物類相感志・本草綱目・事文類聚・三方圖繪・事林廣記・農桑輯要・牡丹譜・月令・博物志・崔豹古今註・柳々州集・鶴林玉露・月令廣義・天工開物・農政全書・詩經・史記・文選・荊楚歳時記・時珍食物本草・朱子文集・蠡海録・唐詩畫譜・天中記・古今醫統・衡岳志・倭書八雲御抄・順和名抄・朗詠・蔵玉・園史・福州府志・松江志・萬葉集・源氏物語・夫木集・蹇驢嘶餘・遵生八牋・養老壽親書・彙苑・文徳實録・拾遺集・枕草子・墨荘漫録・五雑俎・古今和歌集・増鏡・袖中抄』である。

『花譜』の記述は、以上の参考書などを踏まえて記していると思われるが、十二カ月の区分は参考書に加えて自らの観察をもとにしたものと思われる（実際に見ていない植物は36種）。各月ごとに開花を割り振ることは案外難しく、何年か継続して見ていかなければわからない。

『花壇地錦抄』は全六巻五冊

『花壇地錦抄』は、全六巻五冊（四・五巻合冊）である。書の構成は、一巻には牡丹・芍薬、二巻が椿・ツツジ・サツキ・梅・桃・桜、三巻が夏木冬木、四巻が草花春・夏、五巻が草花秋・菊・冬草、六巻が草木植作様が記されている。各巻の順番と構成は、開花時期の順に並べられた『花壇綱目』や『花譜』とは異なっている。

この構成は、当時の流行に鑑み、人気のある植物を最初に出して書の購入につなげたものので、商売人ならではの心意気であろう。一巻最初のボタンは484品に及び、シャクヤクが116品という内容である。二巻は、ツバキ、サザンカ、ツツジ、サツキ、ウメ、サクラなど697品が記されている。

三巻は「夏木の分」として11区分して記される。その区分は、「楓のるひ」「藤並桂のるひ」「荊棘のるひ」「辛夷のるひ」「木槿のるひ」「柳るひ」「梨るひ」「柿のるひ」「柑るひ」「栗のるひ」「山桝るひ」となっている。この区分は、伊藤伊兵衛が観察した形態もしくは当時の一般的な分け方で、現代の「種」や「科」とは異なる。

たとえば、「藤並桂のるひ」にレンギョウ（モクセイ科）、「辛夷のるひ」にナツツバキ（ツバキ科）などが含まれるなど、違和感を持つ人もあろう。「冬木之分」は、「松のるひ」「竹のるひ」「笹のるひ」「冬木」「実秋色付て見事成るひ」と5区分している。この区分は、伊藤伊兵衛独自の分け方といえよう。「夏木の分」は141品、「冬木之分」は108品記されている。

四巻は「草花春之部」「草花夏之部」、五巻は「草花秋之部」「冬之部」が記され、それぞれの部が細分化されている。細分化は、「がんひのるひ」「瞿麥のるひ」「石竹のるひ」とナデシコ科の植物を分けて記しているように、当時の花に対する関心度を背景にしていると推察されよう。現代から見ると違和感を感じるかもしれないが、当時はこの区分が受け入れられたものと思われる。「草花春之部」は53品、「草花夏之部」は187品、「草花秋之部」は303品、「冬之部」は5品記されている。

六巻は、「草木植作様之巻」で総論的な「草木植ル土之事」（土壌）、「草木ニ用ル肥之事」（肥料）を記し、「草木植作様伊呂波分」でイロハ順に個々の植栽方法を述べている。各論の記述は、植栽・播種の時期をすべてに記し、必要に応じて土壌や肥料、増殖法や植栽後の管理にも触れている。

三園芸書それぞれの特徴

三書の大きな違いは植物数で、『花壇綱目』が650、『花譜』が197、『花壇地錦抄』が2094と大きく異なる。植物数の多少で単純に優劣を評価することはできないが、『花壇地錦抄』の数は飛び抜けている。

そこで、牧野富太郎氏の著書『牧野新日本植物圖鑑』（前川文夫・原寛・津山尚編、北隆館）に掲載されている植物名を数えると、『花壇綱目』は175ほど、『花譜』は190ほど、『花壇地錦抄』は400ほどである。『花壇綱目』の残りは、変種や園芸種、また不明な植物名である。『花譜』は、不明な植物名が大半を占めている。『花壇地錦抄』は、園芸種（銘品）の名が大半を占めている。

三書が共通して取り上げている植物は62品ある。そのなかで樹木が14品、草本が48品である。『花壇綱目』と『花壇地錦抄』に共通する植物は、115品である。『花壇綱目』と『花譜』だけで共通する植物は、クサボタン1品だけである。『花壇地錦抄』と『花譜』では共通する樹木が多いのに対し、『花壇綱目』は草花を主として記していることが明確である。

次いで三書の植物解説は、当然ではあるがほぼ同じ内容である。『花壇綱目』は、花色と形状、花期、土壌、肥料、植栽播種時期などを、すべての植物について記している。『花譜』の記述は、個々の植物によりウエートが多少異なるものの、花期、形状および花色などについてはすべての植物に記している。植栽については、まったく触れない植物もあれば、植栽の難易度、適地のあること、植栽後の管理、生育形態まで詳しく説明している植物もある。その他、関連することを、入手した参考資料（考用書目）などから引用し解説している。

『花壇地錦抄』は、一巻から五巻で各植物の花期、花色と形状を記し、六巻「草木植作様伊呂波分」で植栽時期、植栽法について記している。書き方は、牡丹、椿、蘭、菊など関心の高い植物に詳しい。その他の植物にもほぼ一様に、同じウエートで説明している。

三書の違いの中で気になるのは、土壌と肥料に関する記述である。土壌ついては、『花壇綱目』が9種、『花壇地錦抄』が7種示しているが、『花譜』にはまとめた記述がない。肥料は、『花壇綱目』が12種、『花譜』が20種、『花壇地錦抄』が4種記している。いずれの著者も実際に栽培しており、それなりに精通していたと思われる。

貝原益軒は、土壌について記そうと思えば書けたはずである。記さなかったのは、土壌にあまり関心がなかったか、信頼できる参考資料がなかったからと推測する。逆に肥料は、「考用書目」の資料に記され、実際には使用したことがない肥料も参考資料の中から記していると思われる。

次いで、植栽（「分植」「栽樹」「植替」）時期の記述は、経験していれば記せることである。三書の記載は、『花壇綱目』『花壇地錦抄』がほぼすべての植物に示しているのに対し、『花譜』は植栽時期を示さない植物が目につく。益軒は、植栽したことのない植物を文献から引用して記しているのではなかろうか。逆に、たとえ栽培していても文献にないことについては記さなかったのではなかろうか。益軒は、「考用書目」などの資料を尊重しており、実経験より文献を基本として記したのではなかろうか。

以上三書の特徴を整理すると、『花壇綱目』は、植栽時期以外の項目をあまり記していないが、『花譜』『花壇地錦抄』は増殖法（挿し木、接《つ》ぎ木、播種など）についても記している。また、『花譜』『花壇地錦抄』は、すべての植物についてではないが、植栽後の管理にも触れている。さらに、植える場所（植栽地）の環境条件についても記している植物がある。

『花壇綱目』が生育環境を記さなかった理由として、水野元勝の自庭に植えていたため、環境条件の違いをあまり感じず、関心を持たなかったのではなかろうか。

それに対し、貝原益軒は文献を読み、地方に出かけて自然に生育している植物の情況を見ている。それゆえ、生育地、植栽適地のあることなどを指摘し、さまざまな情報をもとにして記述していることがわかる。

伊藤伊兵衛は広い自分の庭や苗圃《びょうほ》はもちろん、それ以外でも植栽していたため、自ずと環境条件の違いに気づいたものと思われる。

『花壇綱目』から見える著者水野元勝

水野元勝に関する資料が少ないことから、貝原益軒や伊藤伊兵衛などと比べながら探ってみたい。三人の栽培技術を見ると、『花譜』の植物は樹木が多く、手入れが容易な植物が多い。また、草花にしても同じで、栽培の難しい植物は少ない。

貝原益軒と比べて

貝原益軒は、野菜や果樹など食べられる植物についての記述のほうが詳しく熱が入っている。『花譜』の植物は、地植えが多かったものと思われる。それは、197品のうち100品が草花で残りの97品が樹木であった。樹木の大半は地植えされており、草花も大半が地植えされていたと推測できる。鉢植えで育てたほうがよい草花の数は少なく、路地栽培できる種類が多い。

益軒の記述は、正確さを求め、初めに文献ありという姿勢が明確である。後に『大和本草』を著しているように薬用植物への関心が高く、さらに『菜譜』を記しており、野菜や果樹など食べられる植物に関心が高かったと思われる。そのため、ガーデニング植物への熱意は、水野元勝や伊藤伊兵衛に比べて弱く感じる。

たとえば、茶花や生花によく使用されたアヤメを『花譜』に記さなかった。また、ボタンやツバキなど当時流行した植物、ラン科の植物への興味もあまり示さなかったようである。

伊藤伊兵衛と比べて

伊藤伊兵衛については、代々同じ名前を継いでいることから個別に見る必要がある。『花壇地錦抄』を記したのは三代目の三之丞で、彼は『錦繡枕』も記している。『錦繡枕』にはツツジ164種、サツキ161種についての解説と栽培法が記されている。

これらの著書を見ればわかるとおり、当時の最高レベルの技術者であったことは言うまでもない。序文によれば、伊兵衛は「染井の畔《ホトリ》菴《ヒキ》閭《ヨモギ》に耕夫《コウフ》」とあり、「農業のいとまいとまにからのやまとのくさくさあつめて」とあるから農民（百姓）と推測される。しかし、単なる農民とは思えず、忍者の末裔《まつえい》とも言われているくらいで、学問的な見識を備え商売人としても卓越した能力を持った植木屋であった。

水野元勝の特質

それに対し水野元勝は、伊藤伊兵衛のような植木屋としてのプロ意識や益軒のような幅広い知識を持ち合わせていなかったと思われる。『花壇綱目』の序文で心境を述べているとおり、趣味として植物の栽培をしていたのだろう。

趣味とはいえ、栽培技量が当時の最高レベルでなければ、わが国初となる技術書を書くことはできない。もし栽培していなければ、書き写した資料があることになるが、『花壇綱目』に記された植物を記した書は見当たらない。

たとえば、牡丹や菊、椿について調べると、『花壇綱目』以前に出された書の中に記されたボタンやキク、ツバキの品名と同じ植栽名は非常に少ない。

牡丹に関する書はいずれも『花壇綱目』より後で、『紫陽三日記』（元禄四年）、「牡丹道しるべ」（元禄十二年）などとなっている。

菊の品種を描いた書として、わが国最初に版行した『菊譜百詠図』がある。百種類の菊の絵に名称と七言絶句の詩による説明が添え書きされている。この図譜は、１４５８年に明の徳善斎が著作したものを貞享二年（１６８５）三々徑恭齋が翻刻、百品を図示している。『花壇綱目』の刊行後であり、見ている可能性は低いものの、類似した名称は９（玉牡丹・金目貫・金盞銀臺・熊かへ・天龍寺・南禅寺・難波菊・小紫・櫻菊）ある。

他に、中国で著され刊行された書などとして、『菊花詩絶』は、唐の楊南峯が著作したものを伊勢屋清兵衛が元禄二年に刊行したもの。『菊花百詠』は、「支那張愛梅先生の菊花百詠といふ書」を元禄七年（１６９４）に和刻したものである。

さらに、国立国会図書館デジタルコレクションによれば、『菊譜』著者（宋）劉蒙 撰（出版年月日 明刊）には、『劉蒙菊譜』『范成菊譜』『正志菊譜』が記されている。『劉蒙菊譜』には「花総数三十有五品」と35品記されている。『范成菊譜』には、菊品として34品の名がある。『正志菊譜』には、菊品として28品の名がある。その中に『花壇綱目』と同じ品名はない。

以上から菊の品名は、『花壇綱目』とはつながりがあるように見えない。また、清代(1644年〜)の画譜『芥子園画伝』二集の『菊譜』にキクを描いた20の図にしても、二集の蘭竹菊梅画譜は、1701年刊ということから『花壇綱目』刊行の後である。

椿は、『百椿集』があるものの、『花壇綱目』と同じ名前は「本因坊」の1種だけである。また、『花壇綱目』の後に刊行された『花壇地錦抄』の品名と比べても、同じ品名は非常に少ない。したがって、参考にする書がなかったと判断でき、元勝は栽培しながら『花壇綱目』を書き上げたと言えるだろう。

以上、水野元勝は、趣味の草花栽培に打ち込み、同好者のリーダーとして啓発的な役割を担っていたのではなかろうか。その証《あかし》が『花壇綱目』で、栽培技術を秘伝とせず公にしたものであろう。贔屓目《ひいきめ》かもしれないが、本邦初の植栽技術書として土壌・肥料に関して他の2書よりやや優れていると思える。

三者のフィールド

それにつけても元勝は、どのようにして数多くの植物を手に入れ、その名を知ったのであろうか。『花壇綱目』の上中巻に記された植物名は、容易に知りえたであろうが、珍花異名は自分で作り出さなければ聞くことになる。彼を取り巻く植物愛好者が何名かいて、植物および情報を交換していたものと推測される。そしてそのような植物愛好者のグループは、いくつか存在していたものと思われる。

では、水野元勝は、どのくらいの規模で植物を栽培をしていただろうか。『花壇綱目』の植物数は650品（上中184品・下466品）、これらを自邸の庭で栽培したと想定すれば、300〜500坪程度あれば栽培可能と推測する。

貝原益軒が記した『花譜』の植物数は197品である。『花譜』の品数から推測して少なくとも100〜200坪の広さがあれば可能であろう。ただ、益軒は野菜や果樹なども栽培しており、実際には草花と混在していただろう。そのため、全体の敷地面積は1000坪以上になる可能性がある。

伊藤伊兵衛は、『花壇地錦抄』に重複する植物がいくつかはあるが2140品（『花壇地錦抄』一が602品、同二が709品、同三が161品、同四・五が593品、同六が75品）を記している。

これだけの植物を栽培するには、単純に比べても元勝の4倍以上必要である。さらに伊兵衛は植木屋として営業しており、後にその情況を写した「武江染井翻紅軒霧島之図」があり、それらから推測して4000〜6000坪はあったと思われる。

『花壇綱目』の目的

水野元勝の好きであった植物は、ユリの類とセンノウ・ナデシコの類であろう。中でも興味をそそられたのは、センノウである。「仙翁花」をはじめとして「黒附子」「白附子」「薄色附子」「抜白附子」を記し、他にも「松本」「がんひ」「おくらせんのふけ」の計8品を記している。

「仙翁花」はセンノウ、『花壇地錦抄』には記されていない。「黒附子」はフシグロセンノウ、「白附子」はフシグロセンノウの白花でシロガネセンノウだろう。「薄色附子」は「赤薄色」の花で、『花壇地錦抄』の「櫻節」か「紫節」に対応するフシグロセンノウの変種。「抜白附子」は『花壇地錦抄』の「抜節」に対応するフシグロセンノウで、花の一部が白く脱けているものを見たことがあり、それを指しているものと判断した。これらの名は、元勝が実際に栽培した経験から名前をつけたのではないかと思われる。

フシグロセンノウ類などの記述を見るにつけ、『花壇綱目』に取り組む元勝のこだわりは、販促書『花壇地錦抄』を綴った伊藤伊兵衛との違いを感じる。元勝は、仲間を増やそうとすることもあったが、純粋に草花を愛することから書き始めたことである。そこには、『花壇綱目』の筆を進めながら、書くこと著すこと楽しんだ姿が彷彿される。

おわりに

早いもので、『江戸の園芸』（ちくま新書）を上梓してから20年も経っていました。そろそろ集めた資料を整理、処分しようと見直しました。すると、あちこちに首を突っ込んだまま、整理しかけの一覧表や書きかけの原稿がいくつも出てきました。

その一つが『花壇綱目』の植物名の解析で、こんなことに時間をかけていたかと懐かしい思いにとらわれました。主な植物名２００を見ると、その7割以上を自庭に栽培していました。さらに、著者の水野元勝の好みと私の好きな植物とが、かなり似ているのではという親近感をいだきました。

栽培経験は、植物名を同定する上からも助けとなり、字面からでは得られない情報を得ることに役立ちました。と同時に、文献だけを頼りにすると、実態と合わないことを見逃してしまうことも実感しました。

そして、何より役立ったのが、江戸時代の植物に精通していた牧野富太郎氏の著書『牧野新日本植物圖鑑』（前川文夫・原寛・津山尚編、北隆館）です。基本となるデータが20年以上前のもの、『牧野新日本植物圖鑑』などをベースとするため、科名などに問題のあることをお断りしておきます。水野元勝には及びませんが、彼にならって自分の栽培経験から読み解くことに取り組んだつもりです。元勝が楽しみながら『花壇綱目』を綴っていたのと同じように楽しみながらまとめました。

　このような書を刊行するにあたっては、大勢の人々のお世話になっており、中でも30年以上前からご指導いただいた塩田敏志氏（元東京大学農学部教授）、岩佐亮二氏（元千葉大学園芸学部教授）に深く感謝いたします。近年では日本園芸学会伝統園芸研究会・田中孝幸氏（元東海大学農学部教授）、細木高志氏（元島根大学農学部教授）をはじめ多くの先生方にご教授いただきました。また、出版に向けてお力添えをいただいた環境緑化新聞・井上元氏、和のガーデニング学会の仲間のみなさん、出版元の創森社・相場博也氏、さらに編集関係の方々にも、併せて深く感謝いたします。

著　者

■和のガーデニング学会

http://www.geocities.jp/koichiro1945/

クマガイソウ（春）

●

デザイン――塩原陽子
ビレッジ・ハウス
企画協力――井上 元（環境緑化新聞）
原本所蔵――国立国会図書館 ほか
校正――吉田 仁

著者プロフィール

●青木宏一郎（あおき こういちろう）

ランドスケープガーデナー

1945年、新潟県生まれ。千葉大学園芸学部造園学科卒業。㈱森林都市研究室を設立し、ランドスケープガーデナーとして、青森県弘前市弘前公園計画設計、島根県津和野町森鷗外記念館修景設計などの業務を担う。その間、東京大学農学部林学科、三重大学工学部建築科、千葉大学園芸学部緑地・環境学科の講師を務める。㈶国立公園協会より第6回田村賞を受賞。現在、和のガーデニング学会会長。

主著に『江戸の園芸』（筑摩書房）、『江戸のガーデニング』（平凡社）、『江戸庶民の楽しみ』（中央公論新社）、『江戸時代の自然』（都市文化社）、『自然保護のガーデニング』（中央公論新社）などがある。

解読《かいどく》　花壇綱目《かだんこうもく》

2018年1月22日　第1刷発行

著　　者——青木宏一郎《あおきこういちろう》
発 行 者——相場博也
発 行 所——株式会社 創森社
〒162-0805 東京都新宿区矢来町96-4
TEL 03-5228-2270　FAX 03-5228-2410
http://www.soshinsha-pub.com
振替00160-7-770406
組　　版——有限会社 天龍社
印刷製本——中央精版印刷株式会社

落丁・乱丁本はおとりかえします。定価は表紙カバーに表示してあります。
 ISBN978-4-88340-321-9 C0061